U0283826

全屋定制
设计与风格

汤池明 编著

江苏凤凰科学技术出版社
南京

图书在版编目（CIP）数据

全屋定制　设计与风格 / 汤池明编著. -- 南京 ：江苏凤凰科学技术出版社，2021.6（2022.4重印）
ISBN 978-7-5713-1958-8

Ⅰ. ①全… Ⅱ. ①汤… Ⅲ. ①住宅－室内装饰设计 Ⅳ. ①TU241

中国版本图书馆CIP数据核字(2021)第102983号

全屋定制　设计与风格

编　　著	汤池明
项目策划	凤凰空间／杜玉华
责任编辑	赵　研　刘屹立
特约编辑	杜玉华
出版发行	江苏凤凰科学技术出版社
出版社地址	南京市湖南路1号A楼，邮编：210009
出版社网址	http：//www.pspress.cn
总 经 销	天津凤凰空间文化传媒有限公司
总经销网址	http：//www.ifengspace.cn
印　　刷	北京博海升彩色印刷有限公司
开　　本	710 mm×1000 mm　1／16
印　　张	12
字　　数	192 000
版　　次	2021年6月第1版
印　　次	2022年4月第2次印刷
标准书号	ISBN　978-7-5713-1958-8
定　　价	69.80元

图书如有印装质量问题，可随时向销售部调换（电话：022-87893668）。

本书从全屋定制精装房的角度出发，以图解的形式将全屋精装定制设计进行了全面讲解。扫码可下载本书全套设计图纸。

目录

第1章

全屋定制设计实施

精装房样板间

重点概念：设计流程、方案介绍、调研、测量技法、拍摄方法、质量规范

章节导读：全屋定制是集家居设计、定制、安装等服务为一体的家居装修产业，根据消费者的设计要求来制造专属家居。全屋定制设计需要秉持“以人为本”的原则，将消费者的需求作为根本出发点，以满足消费者的个性化需求为根本目标。设计师只有与消费者进行频繁的接触与交流后，才能完全了解并满足消费者的需求。

1.1 全屋定制家具设计与服务

1.1.1 定制家具设计流程

1. 选择品牌和产品

目前市面上全屋定制的品牌有很多，消费者可在价格能承受的范围之内尽量选择知名品牌的产品。选择产品时，消费者应当该根据空间的情况，结合家装风格与收纳需求，选择适合的款式类型。

2. 预约测量

确定品牌和产品后，定制企业会上门量尺寸，确定并绘制准确的家具设计图纸。消费者要提前告知设计师需要什么样的风格、款式，并确定家具定制所用的材料。

3. 方案设计

设计师会根据消费者提交的需求，综合尺寸、风格、材料等因素，结合消费者的意见设计方案。消费者对设计不满意的地方可以调整，最后予以确认。

4. 下单生产

当消费者认可了设计师的方案并确定签字后，定制公司开始下单生产，需要 30 ~ 45 天。在做时间规划时要提前预计好生产时间和货运时间。

定制家具设计方案

从设计方案可以看出，家具风格属于中式风格，对称式设计与家具色彩体现中式风格特征。

工厂生产家具

定制家具采用机械化生产，板面的美观性好，工艺水平高，能够与室内设计完美搭配。

5. 送货安装

全屋定制家具生产结束后，商家会电话通知消费者交付余款，同时约定上门安装的时间。工作人员安装时，应参照之前的设计图纸，检查产品与图纸是否吻合、五金配件是否齐备，还应留意产品的接缝处是否紧密、移门推拉是否顺畅等问题。如果有问题，应及时反馈、现场解决。

6. 售后服务

目前，全屋定制产品的柜体保修 1 年，柜门和五金配件保修 3 ~ 5 年。全屋定制的商家一般会自动启动售后服务，给出全屋定制家具的保养方法，并提供终身维护和服务。每家企业的具体保修时间略有不同。

送货运输
定制家具运输是由收货方承担运输费用，卖家对运输过程中造成的家具破损负责，收货人收货时一定要现场检验。

定制家具安装
家具安装完成后，需要安装人员自检，自查合格后才能交付给消费者，然后由消费者验收。

1.1.2　定制家具设计方案

全屋定制家具的设计图纸既是设计师对于设计方案构想、创意的具体体现，也是消费者、设计师、施工员三者之间沟通的有效工具。因此，设计师在与消费者确定方案的过程中，绘图是必须掌握的基本功。设计师不能单凭口头解说而造成无图纸施工。应以图式语言为主来表达设计意图。

1. 徒手画草图

徒手绘制多用于方案构思和方案介绍，是设计师信手拈来的表达设计方案的方法，具有快速方便、简单易懂的特点。在消费者对设计产生疑虑时，设计师可以将设计最大程度细节化，通过快速手绘的方式让消费者在短时间内明白设计的要点，这种方法适合与消费者面对面谈方案时使用。

2. 电脑制图

工具绘制一般用于正式的设计方案和施工图表达。而现在定制家具设计的绘图一般都用电脑完成，不仅可以绘制平面图，还可以绘制立体的彩色效果图，具有快速、方便和便于修改的特点。

此外，有时还可以采用一些辅助的方法，如通过电脑三维动画、室内模型和材料实物样板等进行展示，在设计师接单时都可以起到很好的作用。

3. 透视效果图

定制家具设计效果图是设计师与家装消费者之间的一座桥梁，它是设计师用来表达设计意图的手段之一，既是一种语言，又是设计的组成部分。定制家具设计的效果图直观和准确地表现室内空间环境，为家装消费者提供一个具体的环境形象，它的绘图质量会影响家装消费者对设计方案的决策。在定制家具设计的接单过程中，定制家具设计效果图往往是启动家装消费者签单的“热钮”。

家具草图

家具草图具有随时记录的特点，是设计师对消费者需求的情景再现，是通过思维发散的设计成果。

家具效果图

将家具草图上的设计样式，通过电脑软件绘制出的家具效果图，更加直观。

1.1.3 定制家具设计与施工采购合同

定制家具设计与施工采购合同

合同编号：

甲　　方：　　　　　　　　　　　　　　　　乙　　方：

根据《中华人民共和国民法典》及其他相关法律、法规的规定，结合目前建筑装饰行业的特点，甲、乙双方在平等自愿、协商一致的基础上，签订本合同，供甲、乙双方共同遵守。

一、工程地点

____

二、家具名称、数量及金额

1. 订购商品明细：产品名称、材质、规格、颜色、数量、单价详见订单（共　页）。

2. 订购商品总额为：____元。

三、交货日期

1. 乙方在收到甲方支付预付款及签字确认图纸、色板、布板及其他相关技术要求后____天内交货。

2. 乙方关于以上交货期的承诺是建立在甲方按时支付预付款，以及甲方对图纸、色板、布板及其他相关技术要求确认的基础上的。如果以上推迟，则交货期顺延。

四、质量保证

1. 乙方对所售货物提供一年的保用期，在保修期内因产品质量问题致使不能正常使用的，乙方负责维修，费用由乙方承担。

2. 保用期后，甲方若需要乙方维修，乙方收取成本费用。

3. 保用期内非产品质量原因，而因其他原因造成产品损坏的，甲方若需要乙方维修，乙方收取成本费用。

五、违约责任

1. 甲方逾期付款，每逾期一天，应按逾期金额的____%向乙方支付违约金，同时仍应履行付款义务。逾期超过____日的，乙方有权解除本合同。解除合同时，甲方已经支付的款项不再退还，且乙方无须再向甲方交付货物。

2. 乙方逾期交货，每逾期一天，应按货款金额的____%向甲方支付违约金，同时仍应履行交货义务。逾期超过____天的，甲方有权解除合同，并要求乙方双倍返还定金，并返还甲方已经支付的全部货款。

六、付款方式

1. 首期款：合同签订之日，甲方将本工程总额的50%作为首付款（________元）。

2. 中期款：定制家具上门安装前，甲方需支付本工程总额的80%。

3. 尾款：工程完工三日内结清。

七、其他

1. 与本合同相关的订货单、提货单、验收单、报价表、设计图纸等相关文件为合同附件，与本合同具有同等效力。

2. 本协议一式两份，协议各方各执一份，各份协议文本具有同等法律效力。

3. 附件。

4. 本协议经各方签署后生效。

甲方（盖章）：　　　　　　　　　　　　　　乙方（盖章）：
联系方式：　　　　　　　　　　　　　　　　联系方式：
地址：　　　　　　　　　　　　　　　　　　地址：
签署时间：　　年　　月　　日
签署地点：

1.2 全屋精确测量技法

1.2.1 快速测量

1. 卷尺测量

卷尺在测量室内尺寸中应用十分广泛，在这里主要讲述卷尺的使用方法及技巧，以便使用者在量房时游刃有余。卷尺上的数字分为两排，一排单位是厘米（cm），一排单位是英寸。由于两者换算关系为 1 厘米≈ 0.3937 英寸，1 英寸≈ 2.54 厘米，所以两个数字相距较短的数字单位是厘米，较长的是英寸。

测量室内尺寸时，一般是一个人测量，在测量的过程中，要坚持先后顺序原则，以某个点为起点与终点，测量完毕后回到这个点位，才不会出现尺寸误差。

首先，绘制出简易平面图，从进门处测量，一般从左侧出发，最终从右侧测量完毕，形成一个环线。

然后，顺着墙面测量，不要越线或随意测量某个位置。

接着，一个房间接着一个房间测量，测量完一个房间才能进行下一个房间。

最后，检查平面图上的重要尺寸是否测量完毕，对一些细节尺寸，可以引线出来，画出局部尺寸图，或用手机拍照存起来，方便其后精准画图时有据可依。

2. 测距仪测量

测距仪是一种测量长度或者距离的工具，同时可以和测角设备或模块结合测量出角度、面积等参数。测距仪的种类很多，通常是一个长形圆筒，由物镜、目镜、显示装置（可内置）、电池等部分组成。它可以非常方便地测量距离、面积、体积和角度，给测量工作带来了极大的便利。

以测量两面墙之间的距离为例：

首先，长按开关键，打开测距仪。

然后，打开测距键，选取一个对称点，将测距仪的底端手动固定在一面墙上，激光点正好对着另一面墙。

接着，按下测距的红色按钮，测距仪屏幕上就出现了两面墙之间的距离数据。

最后，接着测量下一个两点之间的距离，直至将所有的距离测量完毕。

卷尺

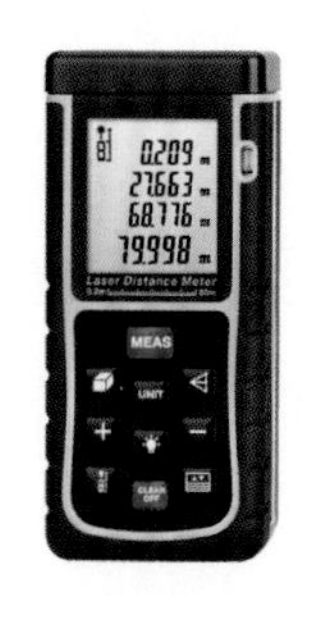

测距仪

在进行室内尺寸测量时，卷尺可与测距仪搭配使用，卷尺主要配合测距仪，用于测量小尺寸或者测距仪红外线没有落点处的时候。

1.2.2 现场简图速记

在没有开始签约之前，设计师只有一次量房机会，签约之后才能有一次复尺（再次核对现场尺寸）的机会，因此设计师需要把握量房时间，既要与消费者保持良好沟通，询问消费者对每一个房间的设计需求，又要快速、准确地完成量房工作。

户型草图绘制

在速记之前，先绘制出大概的户型图，这是速记的基本条件，否则一边绘制一边记录会打乱记录者思维，造成尺寸偏差。而测量时间过久，会引发消费者不满。

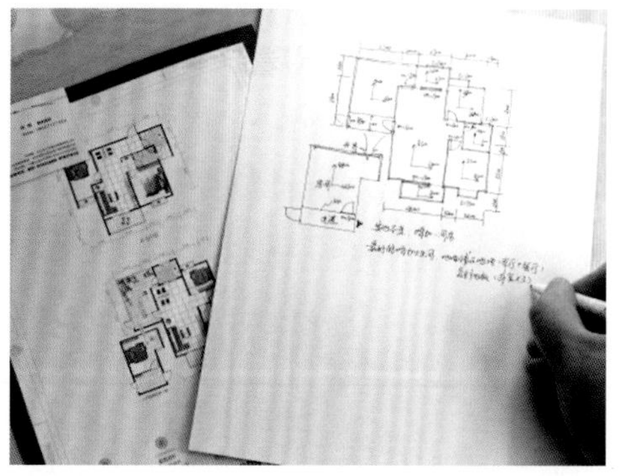

尺寸标注

将测量的数据快速记录在纸上，书写方式要简单易懂，并随手将消费者的需求记录在旁边。在绘制正式平面图时，对各个房间的布局可以此为参考。

速记作为设计师的附加技能，首先表现在对户型的理解上。设计师在房间内走上一圈，基本能够绘制出房屋的大致户型图。在测量尺寸时，设计师能够做到测过不忘，及时将测量尺寸记录在册。简图速记的核心方法在于“眼”“心”“手”三者同时在线，眼睛看尺寸数据，心里默记尺寸，手不停歇地在纸上记录，三者协调，才能快速完成现场测量工作。

1.2.3 现场量房拍摄

1. 拍摄户型图

测量之前，首要工作是获取相对最准确的户型图照片，最好找出购房合同附件页，可直接用手机拍照；保存好户型图照片，使用 Sketch Up、AutoCAD 或其他绘图软件制作无任何标记的等比例户型图，打印后备用。如果是临时量房，现场直接绘制的手绘户型图，更需要拍照留存，一旦丢失原始手稿，后期绘制图纸将十分麻烦。

2. 细节尺寸拍照留存

在测量某一个单独房间的长度时，需要记录门洞宽度的上、中、下三个数值，再测量并记录左右两侧的墙垛长度，并在条件允许的情况下测量左墙垛、门洞、右墙垛的总长度，以便后期核对确认。测量时，若目测距离小于 1 m，可使用卷尺进行水平测量；若上述墙垛长度超过 1 m 或方便使用激光测距仪，可使用激光测距仪，也可以根据需要搭配使用。

3. 多角度拍摄

在测量各房间宽度时，如果使用了激光测距仪，需进行三次测量，即在距地约 300 mm、1000 mm、1800 mm 高度处，可从左往右、从右往左得到多个测量值，以便消除操作误差及评估墙体垂直度。毛坯房测量时可粗略按最小值记，如果是定制柜体，则必须逐点记录数据，以免出现因尺寸误差而导致安装失败。

下面两张图为按消费者的需求，量身定制的柜体，成品误差小于 1 mm。

定制床与书桌

定制床体与书桌无缝衔接，配合度很好，安装的位置正好与窗帘盒平行，在定制尺寸的偏差值范围内。

定制衣柜

定制衣柜正好在两面墙范围内，安装后的成品误差小于允许偏差值，符合定制家具安装标准。

全屋拍照方向要固定（比如顺时针方向），以建筑面积为 120 m^2 的房子为例，最少要拍 25 张不同角度的照片，其中要有 5 ~ 10 张照片包含其他场景中的局部，也就是重复拍摄的部分，方便后期绘制图纸时进行核对。

例如，以下 3 张照片都包括了入户门，但是取景范围并不一样，3 张不同角度的照片，分别拍出了顶面横梁、客厅隔墙、空气开关、开关面板等布置。

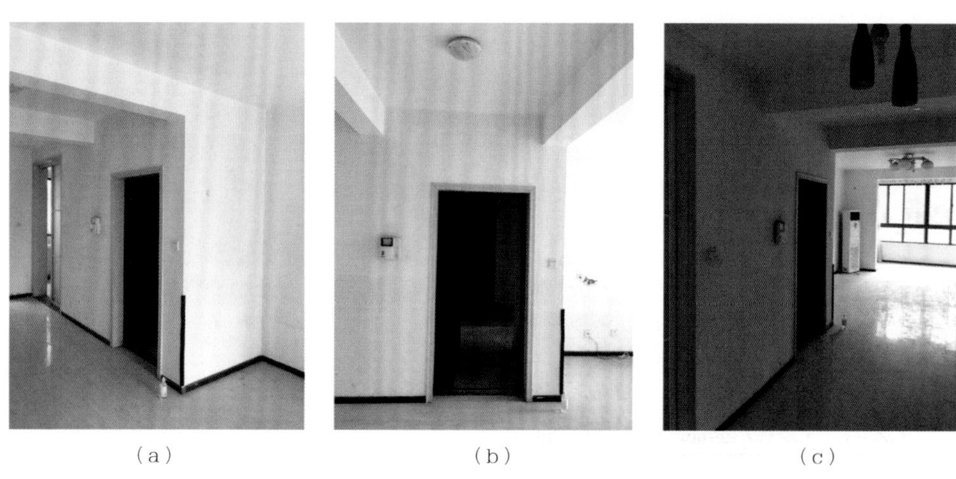

（a）（b）（c）

入户门拍摄

多角度拍摄能够将周边环境拍摄进来，发现细节，从而在绘制平面、立面图时，考虑更加周全。

4. 重要尺寸拍摄存档

厨房需要记录的管线点位及相互关系包括但不限于：下水立管位置及距墙尺寸、水槽排水管定位尺寸、水槽排水管与下水立管的连接位置、地漏中心的定位尺寸、烟道方向及尺寸、地暖集分水器的三维尺寸、地暖集分水器与墙体或烟道之间的定位尺寸、燃气管道的定位尺寸、有可能放置冰箱的若干位置。

卫生间需要记录的管线点位及相互关系包括但不限于：排污口的定位尺寸（包括坑距）、下水立管的定位尺寸、洗面台盆排水管的定位尺寸、地漏数量与各定位尺寸、浴缸预留排水管的定位尺寸、卫生间排风孔的尺寸及位置、卫生间窗户的定位尺寸及高宽、卫生间门洞的周边尺寸。

厨房实景拍摄

从厨房的进门处拍摄的全景图，能够直接反映出厨房水电、天然气管道的位置与布局。

卫生间实景拍摄

卫生间需要拍摄出各种设备预留管道、窗户位置、门洞周边、下沉高度等。

在实际设计中，做完以上这些基础整理工作，设计师还需要根据交付要求或者施工要求，整理出不同的图纸格式，方便查阅。

1.2.4 CAD 基础平面图绘制

依据测量获得的数据，进行基础平面图绘制，可直接向消费者索要购房附件中的原始平面图，打印出来即可使用。一些楼盘开盘后在网站上留有户型图，可直接下载，提前为量房作好准备。

1. 原始平面图

首先，在 AutoCAD 中建立绘图模板，设置好页面尺寸数据。

然后，结合现场测量尺寸，在 AutoCAD 中按步骤绘制出墙体、门洞、窗户的位置。

接着，结合细节尺寸与拍摄照片，对图纸进行精准化修改，保证每个房间的尺寸与测量数据基本吻合。

最后，划分每个空间的功能，标注每个空间的面积与名称，对整个室内尺寸进行标注。

2. 平面布置图

平面布置图是根据消费者的需求，在原始平面图的基础上进行布局。绘制方法如下：

首先，确定好家具风格，从图库中选择合适的家具模型。

然后，将需要定制的家具在图中绘制出来，如橱柜、衣柜、酒柜、书柜、展示柜等。

接着，遵循消费者的使用习惯，将空间内的家具合理布局。

最后，检查各个空间中家具与家具之间的尺寸是否合理，是否存在阻挡问题。例如，床与衣柜太近，人在站立时无法打开衣柜等问题将直接影响到消费者的生活质量。

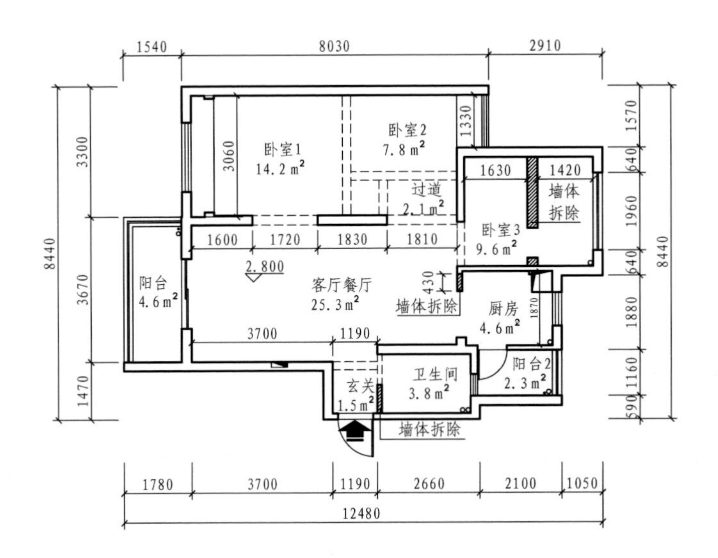

原始平面图（单位：mm）

原始平面图是其他图纸的绘制依据，在绘制时要秉持尺寸准确的原则，不能随意更改尺寸。

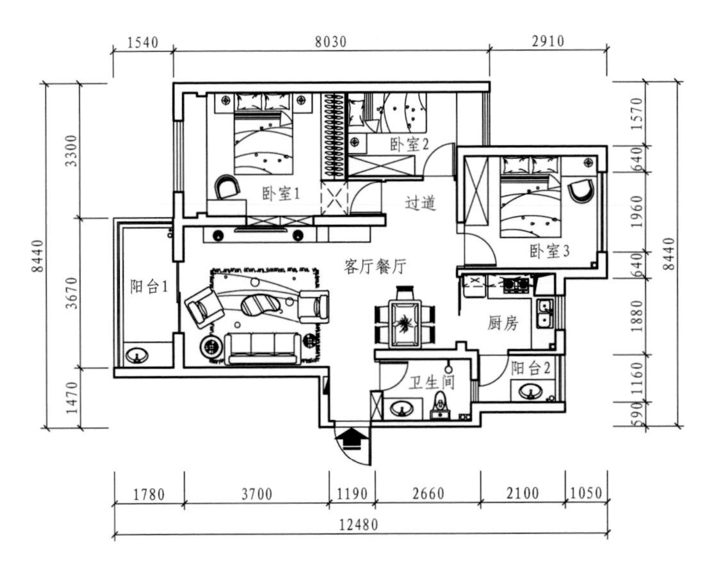

平面布置图（单位：mm）

平面布置图能够检验设计师的布置能力。合理地布局空间，打造出舒适的居住环境，再小的房子也能温馨舒适。

3. 定制家具尺寸图

定制家具需要绘制出家具的三视图（俯视图、侧立面图、正立面图）与局部细节构造图。在尺寸图中，需要准确标注出家具的长度、宽度、高度、深度、厚度等尺寸。以衣柜为例，深度一般为 550 ~ 600 mm；高度分为到顶与不到顶设计，一般为 2200 ~ 2400 mm，在设计中要标注清晰；长度依照墙面的长度来设定；平开门柜门宽度一般为 450 ~ 600 mm，推拉门宽度一般为 600 ~ 800 mm，根据衣柜的长度来设定柜门的宽度与扇数。

绘制方法如下：

首先，将平面布置图中的定制家具所在的位置复制到另一个 AutoCAD 模板中，将多余的墙体、布局设计删除，保留家具倚靠的一面墙，以此为依据展开绘图。

然后，将定制的家具在立面图中绘制出来，并指定家具材质、风格样式等。

接着，按照平面布置图分别绘制出家具的三视图、局部细节图。

最后，对绘制完成的家具进行尺寸标注与文字标注，绘制图框，家具尺寸图完成。

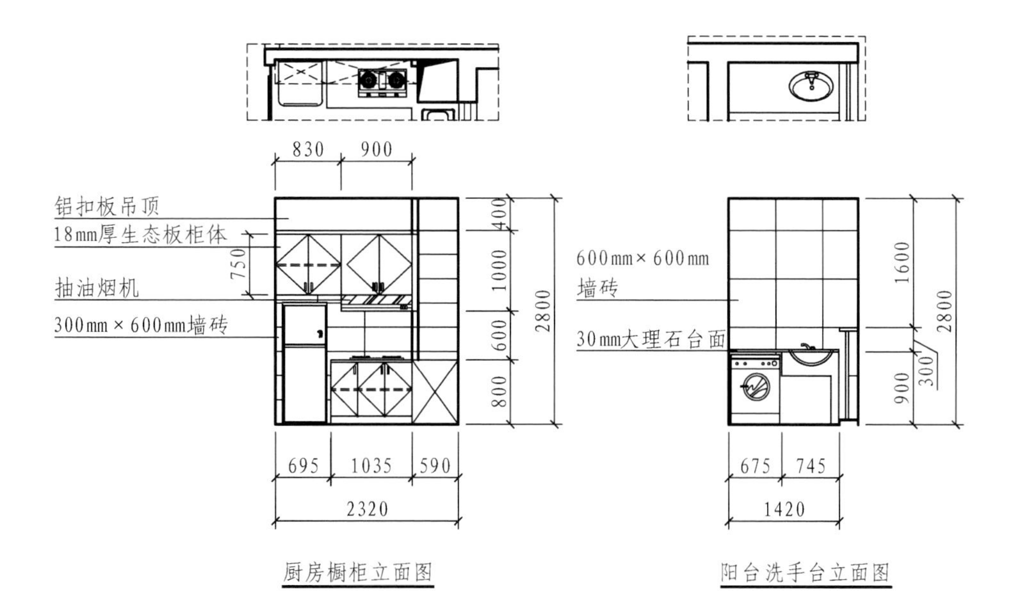

家具尺寸图（单位：mm）

根据平面布置图绘制出家具立面图，立面图上需要标注出家具的尺寸、材质、规格，方便拆单员进行家具拆单操作。一般情况下，设计师会绘出定制家具的三视图，效果更为直观。

1.3 定制家具质量规范

1.3.1 定制家具设计

1. 设计方案

在接受到来自线上或线下门店的销售订单后，设计师会根据消费者的住宅尺寸进行方案设计，并在消费者同意其方案后将所设计的图纸作为订单方案提交到工厂。方案内容包括所选板材色彩、效果图、三视图等信息。

2. 方案审定

专业设计师的图纸方案在人体工程学、实用性等方面是没有问题的，但是偶尔也会将定制家具的设计尺寸弄错，所以工厂一般都有审核图纸方案的技术人员。

3.BOM 清单

BOM 清单即原材料明细表，包括五金配件清单、外协备件清单等。设计师应将产品的原材料、零配件、组合件予以拆解，并将各单项物料按物料代码、品名、规格、单位用量、损耗等依照制造流程的顺序记录下来，排列为一套综合清单。

1.3.2 定制家具制作

1. 放样

无论是定制衣柜、电视柜还是酒柜等柜体，每件家具产品生产之前都要先经放样师放好样，确认无误后才能开料制作。

2. 选料开料

（1）选用的木材要纹理美观、重量适中、强韧度好；

（2）要注重木材质量，剔除死节、爆裂、发黑、发霉、树芯线等缺陷，体现良好的用材水准。

（3）进行开料，每件产品都是按照图纸上的尺寸比例来开好料，开好料的产品则拿到木工车间开始制作。

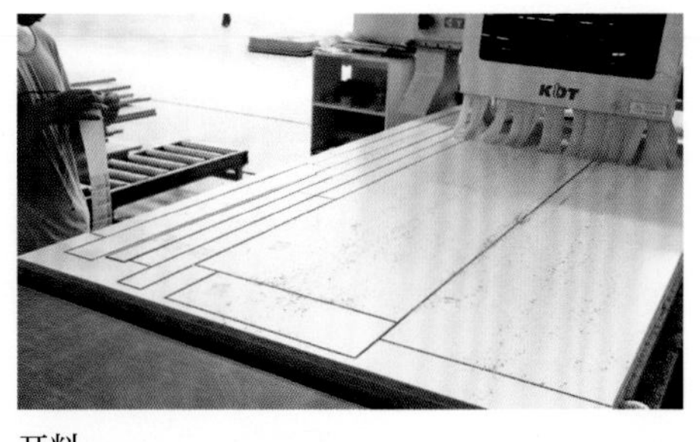

开料

电子开料锯会根据文件中的数据裁切板材。联机的条码打印机打印出条形码后，工人只需扫描板件的条形码，加工设备就会自主对板件进行加工。

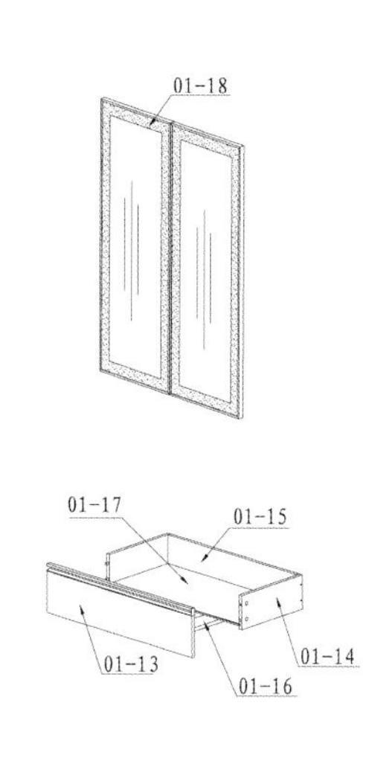

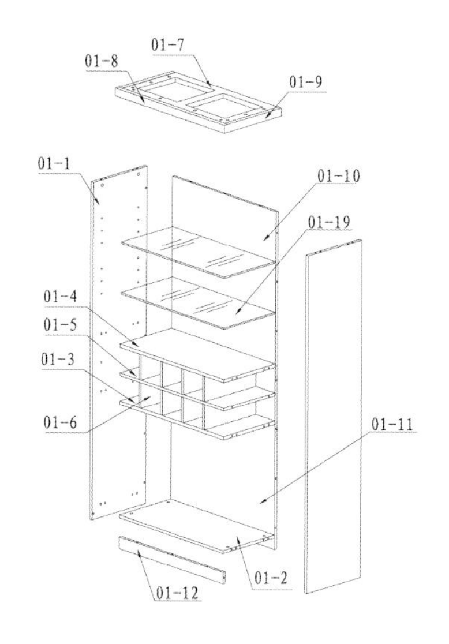

电脑放样

定制家具放样是家具制作的第一任务，俗称拆单，是指将家具进行分解拆开成板块，方便开料制作。

3. 封边

定制家具板件的封边与普通板式家具基本一致，为了适应小批量、多品种的要求，封边工序做了大量优化。定制家具主要采用全自动封边机对家具板件进行封边，特点是美观、自动化、高效率和高精度。目前，该方法已经在国内定制家具生产企业中得到广泛的应用。国内当今仅生产直线全自动封边机，曲线异型封边领域尚未涉及，因此，一些异型家具需要手动封边。

机器封边

新型封边机在对板材进行封边时，只需将板件放上封边机轨道即可，真正实现了全自动封边。

手工封边

自动封边机对规整类板件封边性能较好，而异型板件只有使用手动封边机才能达到良好的封边效果。

4. 槽孔加工

定制家具的槽孔加工大多使用数控钻孔中心完成，数控钻孔中心可以在一台设备上实现对板件进行多个方向上的钻孔、开槽、铣削加工等操作。

无须人工对设备进行调整，只需在加工前对板件的条形码进行扫描，设备就可以自行对板件进行加工，避免了传统板式家具槽孔加工环节中多台设备调整复杂、工序繁多的缺点。

对于加工完毕的板件，需要对其表面残留的木屑等进行清洁，同时需要对板面上的胶水线、记号和其他渣滓进行清洗。根据板件的批次、尺寸和力学等各方面的要求将板件堆放到推车上，等待进入下步工序。

板件开孔
数控钻孔中心可根据数据信息对板材进行自动钻孔作业。

清理板面残渣
处理完毕后需要对板材的表面进行清洗，消除残渣。

5. 扪布

沙发椅子或其他需要扪布的产品，在做完油漆之后就要进入扪布环节。将布料与海绵按照家具尺寸裁剪好，留置备用；再将裁切好的海绵与家具进行比对，有弧度的家具需要将海绵磨出想要的弧度，才能更好地固定在家具上，进而对家具表面进行喷胶；最后将布料扪到家具表面，有的家具还需用到拉扣。

扪布
扪布表面要求平整，不能存在凸凹，对布料自身与底部材料的质量要求较高。

6. 预安装

所有的板材制作完毕后，需要进行预安装，这样的做法能够避免多发、漏发板件与配件，最重要的是，经过预安装能够快速发现板材是否存在质量问题，及时消除隐患，杜绝劣质板材流入市场，树立定制家具品牌的形象。

（a）（b）（c）（d）

定制家具预安装

定制家具在送交消费者签收之前，会预先在生产车间进行组装试验，主要目的是：复核家具尺寸，检查家具的钉眼位置、板块数量是否正确，核对收货地址信息。

7. 修补

定制家具制作工艺精湛，在各环节的运输过程中，难免会有少许的摩擦与碰撞，因这些极其细微的伤痕而直接报废板材显然不是明智的做法。破损的板件经过修补处理后，也可以呈现良好的效果。

制作腻子粉

将腻子粉加上颜料搅拌，调制成与板材相近的颜色，能够有效地遮住板材上的伤痕。

修补划痕

将调制好的腻子浆涂在板件上，凝固后用砂纸打磨，让修补过的部位光滑平整。

8. 包装

预安装没有问题，检查板件没有磕碰受损后，就可以将板件包装，等待物流运输。为了保证板件在运输过程中不受损坏，一般都要先用珍珠棉包好家具的各个部位，再用硬纸皮进行包装，封好胶带，钉好木架保护。

家具板件打包

在包装板件时，硬纸皮与板件的空隙需要填充大量的珍珠棉，并用胶布进行封装。

包装完毕

所有打包好的板材包裹集中堆放在一起，每个订单分开摆放，以便清点数量。

1.3.3 定制家具安装

1. 柜体

各柜体应连接牢固、表面平整，板件间缝隙不大于 2 mm，柜体左右水平度偏差不超过 3 mm，前后水平度偏差不超过 1 mm。层板应无松动，活动层板与竖板之间的缝隙偏差不超过 1 mm，所有层板保持水平一致。

2. 门板

相邻门板需在同一水平面、同一高度，门板间缝隙应保持一致，缝隙大小不超过 2 mm，门板平整无翘曲。门板安装阻尼器后应有平稳收缩性，开合顺畅无杂音。门铰安装保持水平，门铰螺钉不少于 3 个。推拉门推拉应顺畅、无杂音，左右无明显缝隙。

检查柜体结构

柜体安装后可以摇晃柜体，检查柜体结构是否坚固，如果产生轻微晃荡，就应该马上进行加固工作。

检查门板的顺畅度

推拉门安装后，可来回多次推拉，查看门板是否能一次推拉到位、阻尼器收缩性是否稳定。

3. 五金件

拉手安装应工整对称，上下左右距离无偏差，无松动。挂衣杆、拉篮、裤架、挂衣钩等应根据需要调整安装高度，牢固无松动，左右平衡在同一水平线上。拉篮、裤架伸缩应顺畅、平稳，无晃动现象。轨道抽拉应顺畅，手感无明显阻滞现象，旋转收缩镜在抽拉时应顺滑自然、无响声。螺丝应无突出、不歪斜。

4. 外观

柜体表面不得有损坏、磕碰、掉漆、修补等痕迹，不得有明显缝隙。在安装之前一定要开箱检查，确定没有明显的外观问题后，才能开始安装工作。

5. 卫生

定制家具在安装过程中要注意现场环境卫生，柜子表面及内部无残留垃圾，各零碎配件上无灰尘、手印、胶痕、贴纸、画线等。安装完毕后，应当清理好现场的包装垃圾与其他垃圾，达到安装完毕即可拎包入住的效果。

6. 其他

顶线高度应保持水平一致，与柜身平齐，接口处平整无缝隙，边缘打胶收口。罗马柱水平高度应一致，与墙面无明显缝隙。收口板件的裁切尺寸要精确，裁切后的边缘与墙体之间的间隙紧密一致，无崩口、弧线。玻璃胶干净整洁，胶水的痕迹要宽窄一致。

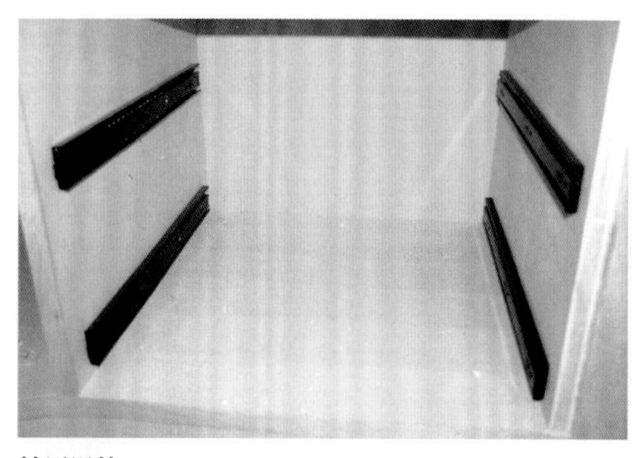

抽屉滑轨

选择优质的五金件，能够带来良好的体验感，优质五金件表面光滑平整，使用时十分顺畅。

柜体缝隙平整

柜体之间缝隙均匀，抽屉与抽屉之间保持齐平，高度一致。

1.3.4 定制家具验收

1. 看外观

检查定制家具外表的质量与检查包门窗外表的质量相似，主要看表面漆膜是否平滑、光亮，有无流坠、气泡、皱纹等质量缺陷。观察饰面板的色差是否过大，花纹是否一致，有没有腐蚀点、死节、破残等。观察各种人造板部件封边处理是否严密平直、有无脱胶，表面是否光滑平整、有无磕碰。

2. 看工艺

定制家具做工是否细致，可以从组合部分来观察，看家具每个构件之间连接点的合理性和牢固度。整体结构的家具每个连接点必须密合，不能有缝隙，不能松动。抽屉和柜门应开闭灵活，回位正确。玻璃门周边应抛光整洁、开闭灵活，无崩碴、划痕，四角对称，扣手位置端正。

家具外观

家具外观是验收时呈现给消费者的第一印象，消费者可以观察家具装饰、配件、色彩等方面。

家具工艺

家具的工艺水平可以从家具组合形式来看，需确保各个组合之间打开、关闭互不影响。

3. 看结构

检查家具的结构是否合理，框架是否端正、牢固。用手轻轻推一下家具，如果出现晃动，或发出吱吱嘎嘎的响声，说明结构不牢固，要继续检查家具的垂直度与翘曲度。

4. 看尺寸

定制家具不光要美观，更要实用。家具的尺寸是否符合人体工程学原理、是否符合规定，决定着家具用起来是否方便。

5. 看配件

检查椅子垫、侧板防滑垫、合页盖等小配件是否配备齐全，如果缺失，应及时提出。

家具结构

确保抽屉的滑轨在推动时没有明显的阻力，开闭灵活，柜门没有翘曲、碰脚现象。

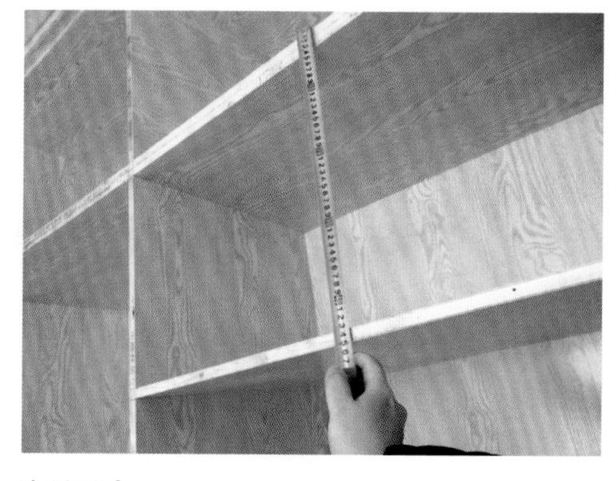

家具尺寸

用卷尺检查家具尺寸是否与设计图纸一致，尤其是需要安装保险箱的柜体尺寸，需要特别注意。

铰链

铰链表面光洁锃亮，安装到位。在拉动柜门时，优质的铰链没有阻力，没有声响，十分顺畅。

拉手

拉手表面光滑，无凸点、气泡。摸上去十分顺滑，不会硌手，能轻松拉开柜门。

定制界面硬装

公寓硬装定制效果图

重点概念：吊顶、墙面、地面、成品门、楼梯

章节导读：硬装是指室内装修中固定的、不能移动的装饰物，是对建筑内部空间的天花、墙面、地面进行二次处理，同时对分割空间的实体、半实体等内部界面进行处理。本章从全屋定制中的界面硬装着手，对住宅空间中部分硬装定制的设计、安装进行详细讲解。

2.1 集成吊顶

2.1.1 集成吊顶概念

集成吊顶是金属方板或石膏板与电器的组合，可分为扣板模块、取暖模块、照明模块、换气模块。它具有安装简单、布置灵活、维修方便等优点，成为卫生间、厨房吊顶的首选。如今，随着集成吊顶业的日益发展，阳台吊顶、餐厅吊顶、客厅吊顶、过道吊顶等都逐渐成为全屋定制的主流。为改进天花板色彩单调的不足，集成艺术天花板正成为市场新潮。

厨房集成吊顶定制

厨房集成吊顶需要配合取暖、照明、换气等设备一起使用，安装程序略复杂。

客厅集成吊顶定制

使用金属集成吊顶与照明灯具搭配，能够美化客厅空间。

2.1.2 集成吊顶优势

1. 安全可靠

集成吊顶的整体线路布置、取暖、通风都已经过严格设计测试，与传统吊顶相比，集成吊顶更加安全、可靠、美观。

2. 高效节能

集成吊顶各项功能是独立的，可根据实际需求来确定安装暖灯的位置与数量。传统吊顶采用浴霸取暖，取暖位置太集中，有很大的局限性。集成吊顶克服了这一缺点，取暖范围大且均匀，三个暖灯就可以达到浴霸四个暖灯的效果，高效节能。

3. 自主选择

集成吊顶可以自由搭配，可根据厨房、卫生间等空间的瓷砖颜色、地板颜色等，挑选与之搭配的吊顶面板。此外，取暖、换气、照明等组件也可以自由搭配。

4. 性价比高

过去的吊顶大都是用塑料加工的，不仅不安全，而且使用的期限也比较短，一般 10 年左右就会出现老化现象。而集成吊顶就完全不同，其中采用铝合金加工而成的集成吊顶，使用寿命可以达到 50 年左右。

2.1.3 集成吊顶类型

集成吊顶分为金属集成吊顶与石膏板集成吊顶两种。

1. 金属集成吊顶

金属集成吊顶构造简单，已经成为厨房、卫生间标配。金属板材品种繁多，包括覆膜板、滚涂板、磨砂板、拉丝板、阳极氧化板等类型。市面上比较常用的为覆膜板和滚涂板。

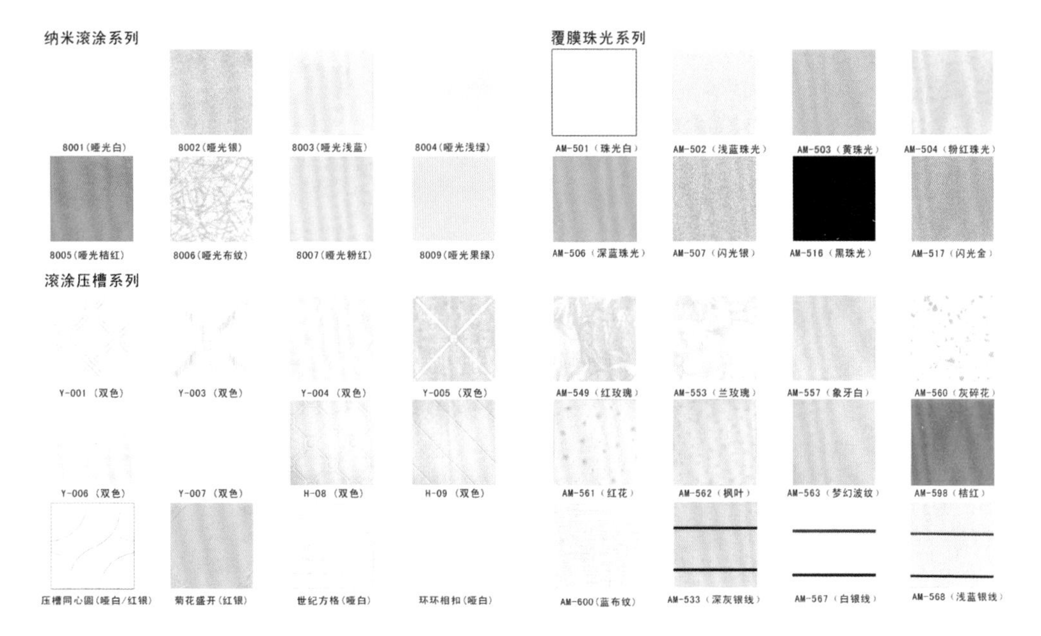

金属集成吊顶常见系列

2. 石膏板集成吊顶

石膏板集成吊顶与传统木工在装修现场制作的吊顶不同，它的吊杆、龙骨、五金配件等都由工厂预制加工，龙骨的规格、材质统一。板材规格虽然还是1200 mm×2400 mm×9 mm（宽 × 长 × 厚），但是均为优质产品，质量统一，精确计算用量，并且固定厂家统一配送。在安装完毕后，会对集成吊顶表面填补腻子，进行打磨，为后期铺贴壁纸、喷涂乳胶漆等施工作好准备。甚至很多经销商会将后续壁纸、乳胶漆的相关工序一并完成，大大提高施工效率。

2.1.4 集成吊顶案例分析

方案一：平板吊顶

平板吊顶安装流程

（a）安装吊杆，吊杆应垂直并有足够的承载力。当吊杆需接长时，必须搭接牢固，焊缝均匀饱满，并进行防锈处理。

（b）安装木龙骨。既可根据尺寸规格来裁切板材，也可根据吊顶的面积尺寸来安排吊顶骨架的结构尺寸。

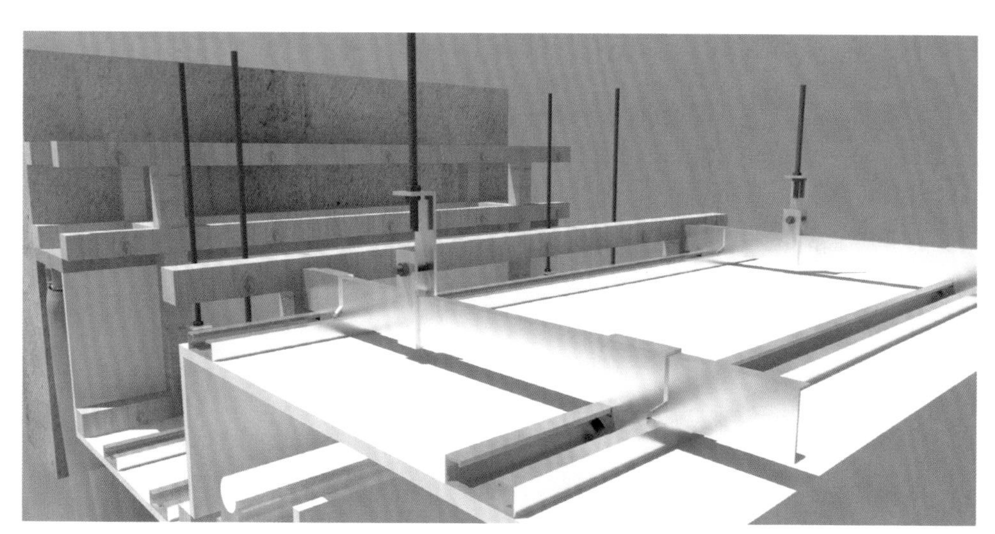

（c）安装板材。应把次龙骨调直，板材组合要完整，四围留边时，留边的四周要对称均匀。

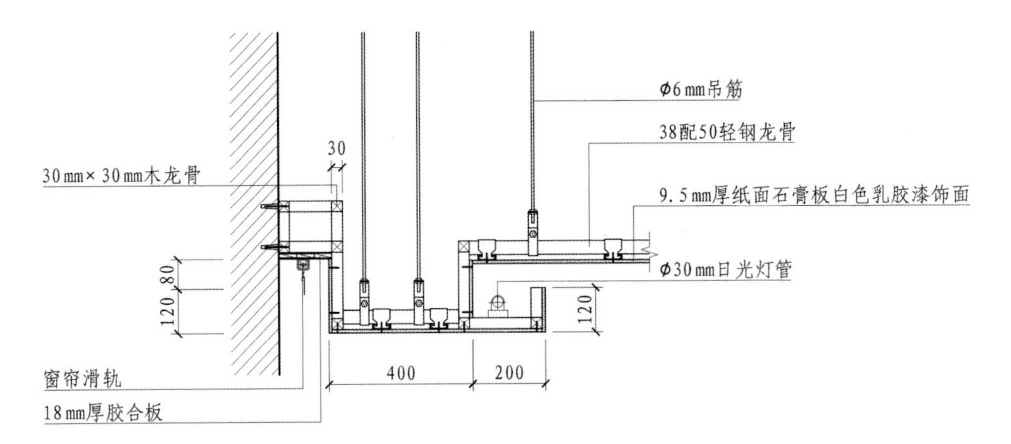

平板吊顶构造详图（单位：mm）

方案二：局部吊顶

局部吊顶安装流程

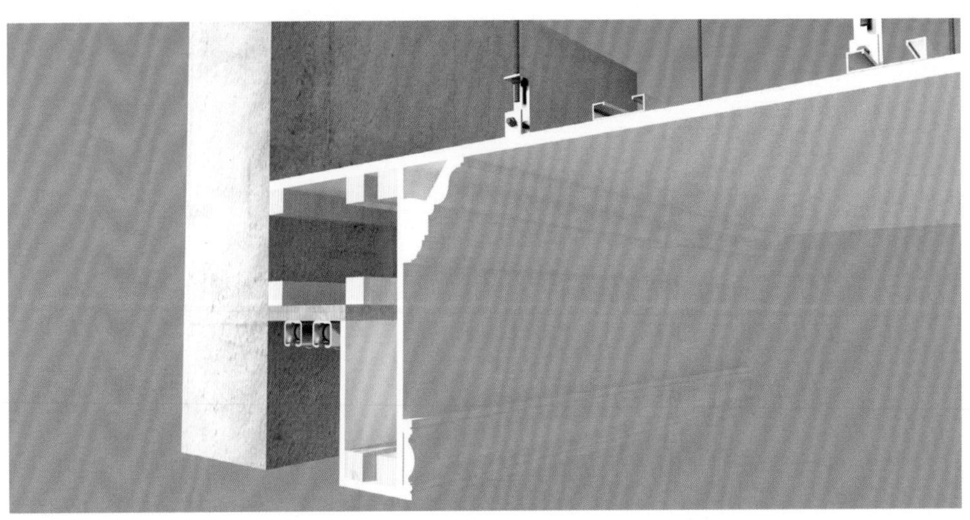

（a）安装主龙骨与副龙骨。将主龙骨安装于吊杆螺钉下的固定环，三角龙骨固定于主龙骨上。装好后适当调节，逐渐紧固连接处螺钉，以确保平直。

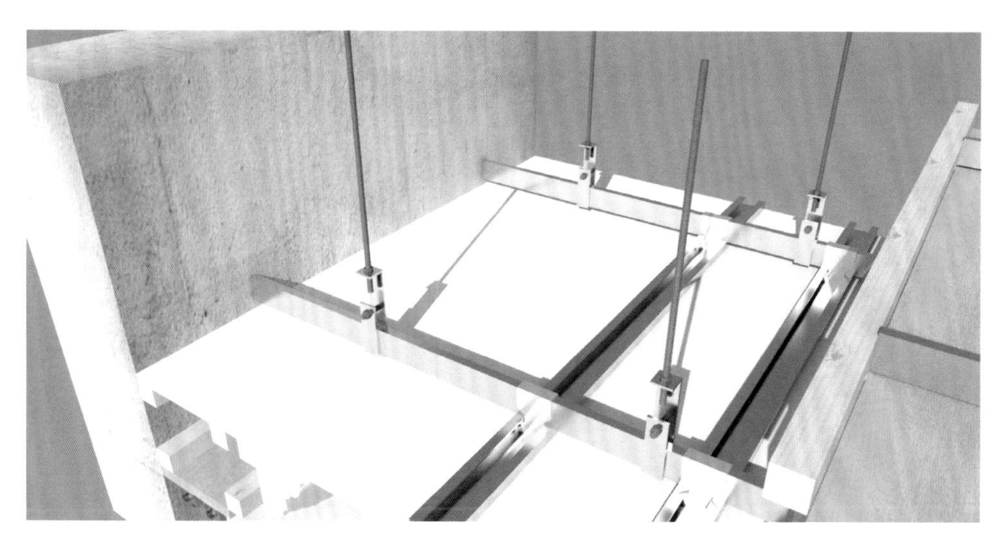

（b）安装灯具。主要是接线，大型灯具、排气扇等应单独做龙骨固定，不应直接搁置在板材上，否则容易使板材脱落，存在一定的安全隐患。

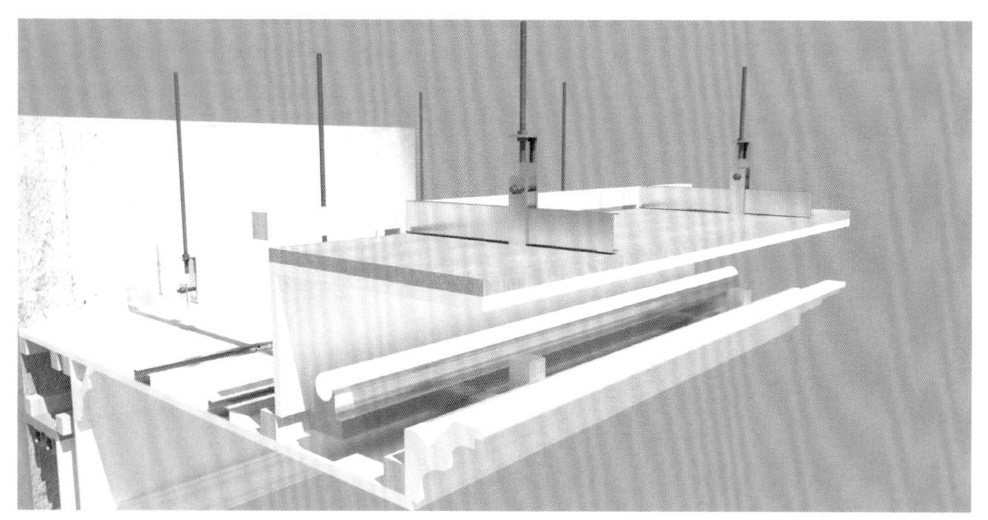

（c）安装角线。用螺钉或胶水（以防瓷砖被破坏）固定角线，转弯处其对角应拼贴整齐，不留明显缝隙。

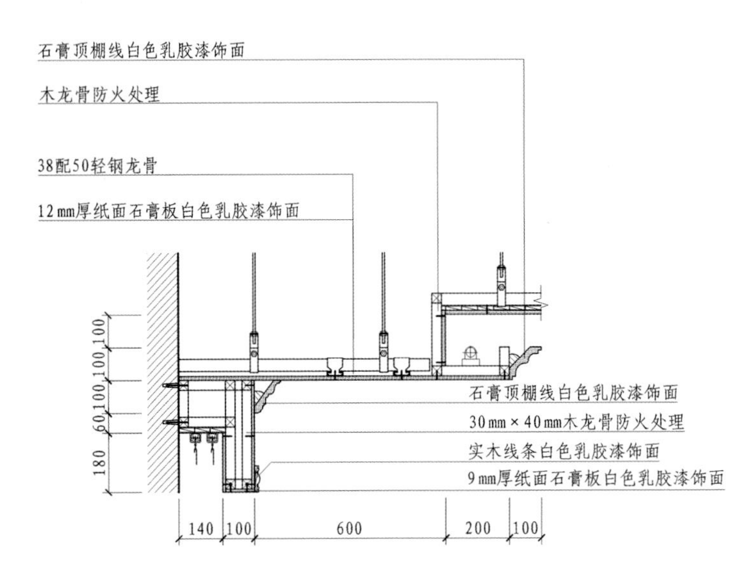

局部吊顶构造详图（单位：mm）

方案三：异型吊顶

异型吊顶安装流程

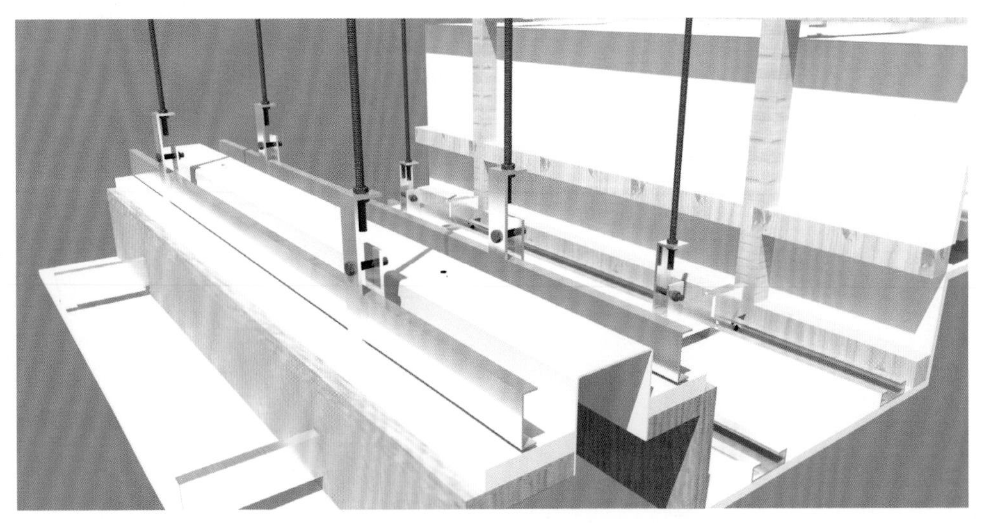

（a）安装吊杆、龙骨。龙骨完成后要全面校正主、次龙骨的位置及水平度。连接件应错位安装，安装好的吊顶骨架应牢固可靠。

（b）安装灯槽、射灯。安装至中央部位，应当将灯具、设备开口预留出来。对于特殊规格的灯具、设备，应当根据具体尺寸扩大开口或缩小开口。

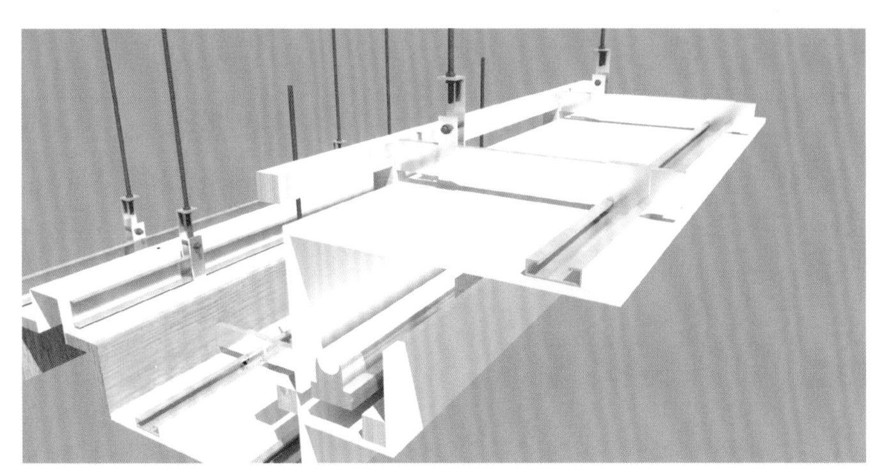

（c）安装板材。安装板材应当从边缘开始，逐渐向中央展开，先安装边角部位经过裁切的板材，随时调整次龙骨的间距。

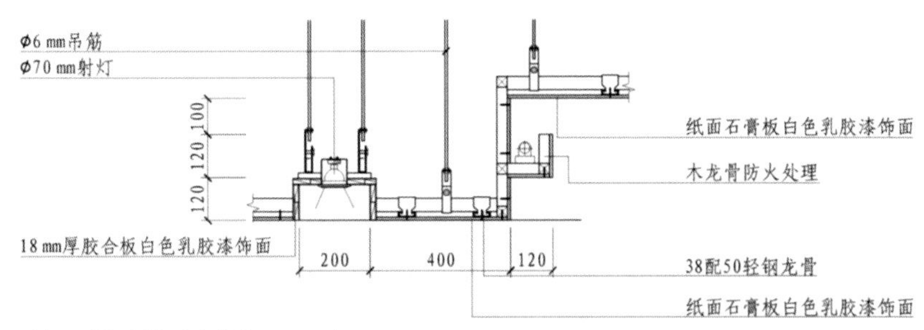

异型吊顶构造详图（单位：mm）

2.2 快装墙板

2.2.1 快装墙板概念

快装墙板又称为集成墙板，其表面除了拥有墙纸、涂料所具备的彩色图案外，最大特色就是立体感很强，拥有凹凸感，可作为墙纸、涂料的替换产品。使用范围广泛，无论是家装餐厅、卧室、客厅、卫生间、厨房、阳台、电视背景墙，还是工装酒店、休息室、会议室、办公室、大厅等，都能使用这一装修材料。

玄关墙板定制设计
全屋墙面整装设计，可以使用墙板装饰整个空间的墙面，安装快速，短时间内即可投入使用。

卧室背景墙墙板定制设计
直接将墙板运用到卧室背景墙上，安装后家具可直接进场，减少了通风散甲醛的时间。

墙纸在进行工艺处理时，毛坯表面的处理工序多，人工成本投入较大；快装墙板对毛坯表面基本不必处理，可直接安装。墙纸在安装之后，不易进行表面清洗；快装墙板优于墙纸。墙纸防潮性能较差，一旦受潮便会出现霉变、脱落等现象；快装墙板遇水后，性状不会改变。与油漆比较，快装墙板具有极强的环保性能，装修完成之后，可以直接入住；与瓷砖比较，快装墙板可以防潮，避免在梅雨季节出现墙壁挂水珠的现象。

墙纸

乳胶漆

快装墙板

2.2.2 快装墙板优势

1. 节约人工成本

快装墙板的优势在于安装快速，相较于普通墙面的装修时间长、成本高，快装墙板在人工方面节约成本，一般一到两人就可完成全屋的墙板安装工作。快装墙板在安装时采用传统的扣板安装方式，不需要专业安装人员，普通的木工师傅就可胜任。快装墙板还可直接在毛坯墙上安装，既节省时间，又节约空间。

2. 超强硬度

快装墙板采用竹木纤维高温压制而成，增加了墙板的强度和硬度，可以在各类护墙上使用。

3. 环保性能好

快装墙板与其他墙面材料相比，具有更好的环保性能。其表面所采用的原材料全部是环保材料，省去了油漆这一道工序，安装好的房间环保无味，即装即用，能使客户尽早入住新家。

4. 装饰效果佳

快装墙板的颜色多样，在实际使用过程中，客户可根据自己的喜好需求，改变拼搭方式，打造时尚靓丽的家居空间。

5. 节约空间

快装墙板可直接用螺钉安装在墙上，不采用任何底架，最少可省去 50 mm 厚度。

6. 保温、隔热

经权威部门检测，快装墙板保温效能优于国家现行标准，其安装后室内温度和普通墙板相比，相差 7℃，和油漆墙壁相比，相差 10℃。对于夏天炎热的南方和冬天寒冷的北方而言，快装墙板是非常不错的墙体装饰材料。将快装墙板运用到阳光房与别墅顶层空间中，能隔离顶层的阳光照射，达到明显的节能效果。快装墙板属于国家大力推行的节能装饰材料。

7. 隔声

经权威部门检测，快装墙板的隔声量可达 29 dB，堪比实墙的隔声效果，运用在卫生间内，可明显解决下水管水声过大的问题，同样可应用在其他房间的隔声。

8. 防火

快装墙板的燃烧性能等级达到 B_1 级，能满足家居住宅装修防火要求。

9. 防水防潮

具有防潮性能，特别适合南方的装修，可解决南方室内因墙体渗漏而导致的霉变问题。

10. 易擦洗不变形

快装墙板的表面可以直接用布擦洗，容易打扫，彻底解决装修擦洗难的问题。由于快装墙板采用了聚氨酯复合技术，成形后可达到不变形和不老化的效果。

2.2.3 快装墙板的缺陷

快装墙板还处于推广阶段，所以许多消费者对其了解较少。虽然南方地区可能用得比较多，但北方快装墙板市场还没有完全打开，大部分消费者只能去附近的大城市挑选。此外，快装墙板的硬度较低，对外界物体入侵的抵抗力不强。最后，快装墙板更换造价高，并且新板和旧板的颜色相差较大。

2.2.4 快装墙板案例分析

方案一：墙裙

墙板的高度可以依照空间的功能与业主的要求来选择，在客厅空间中，选择 1.2 m 的高度较为合适，这个高度正好是成人能够轻松触摸的。墙裙上部涂刷白色乳胶漆，将两种材质结合起来，可增加空间的层次感。

客厅采用墙裙设计

将半高的墙板底部落地，在墙板与顶之间预留出空白，以腰线收边，空白处添加其他装饰材料。墙裙一般用在公共区域，比如走廊、楼梯等空间。

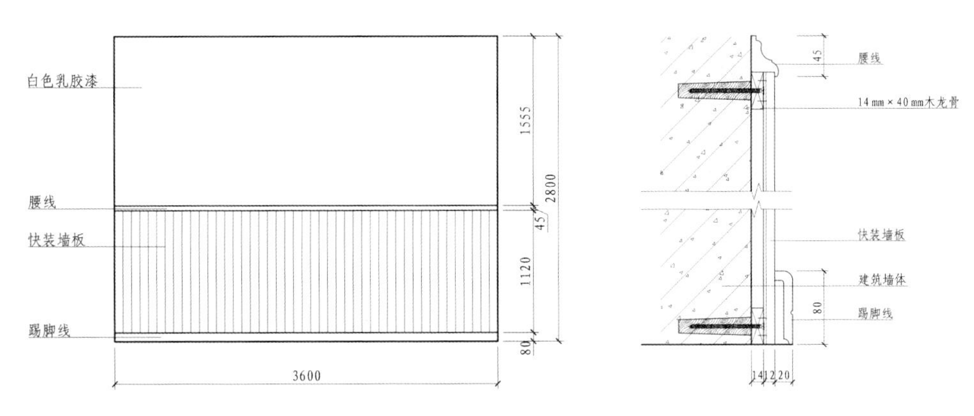

墙裙构造详图（单位：mm）

方案二：整墙板

整墙板是用一整面墙来做造型，一般情况下用作背景墙，具有良好的装饰效果。一组常见的完整护墙板可以分别由“造型饰面板”“顶线”“踢脚线”组成，根据不同风格，其组成结构也有所变化。

电视背景墙采用墙板设计

整墙板最常见的设计形式为“左右对称”，从图中可看出，以最中间的墙板为中心，两边的墙板对称排列，显得十分规整。

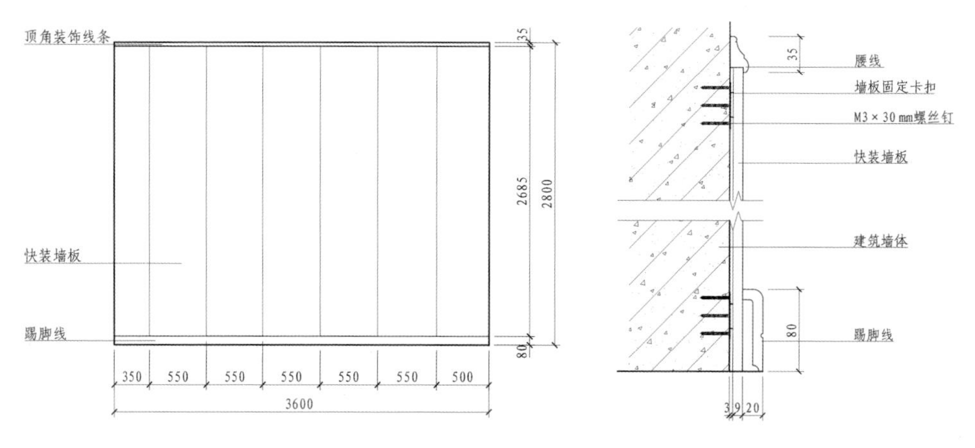

整墙板构造详图（单位：mm）

方案三：中空墙板

中空墙板在结构上与普通整墙板或墙裙不同，其芯板的表面位置通常不覆盖木饰面。例如在家庭影音室中，中空墙板芯板位置可用软包替代，这样不仅更具气质、更美观，而且可以帮助吸声，使声音在一个封闭的空间内减少回荡。同时也减少屋内噪声对外界的干扰。

沙发背景墙采用墙板设计

中空墙板的设计方法与整墙板或墙裙基本一致，只是整体感觉会比有芯板的护墙板更加通透，且整体设计富有节奏感，可实现其他效果和功能。

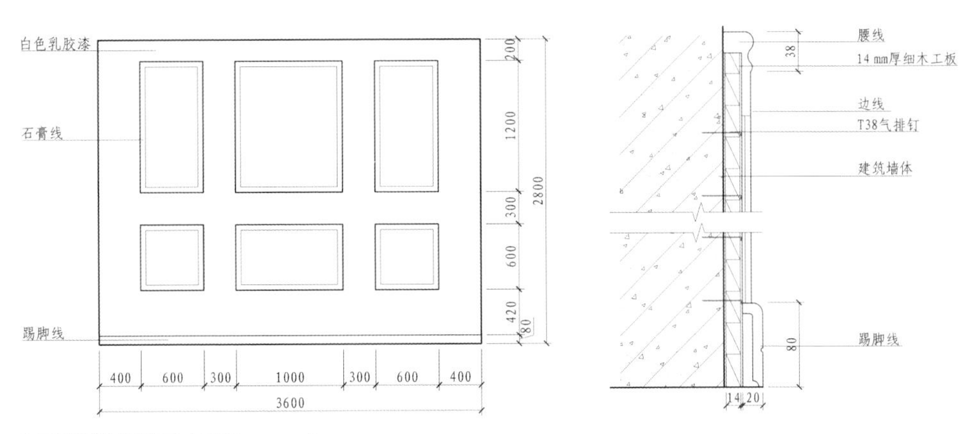

中空墙板构造详图（单位：mm）

2.3 地台系统

2.3.1 地台与榻榻米概念

地台是和式装修中常见的一种日式家具，常与榻榻米一起搭配使用。地台中常设有地箱，便于储放物品，且能当床铺使用，是小户型常用的装修家具。很多人会混淆地台与榻榻米，其实这两者并不等同，榻榻米是日本音译词汇，按本义来讲仅指地板上铺的那层垫子，下边为地台。地台与榻榻米之间最大的区别在于高度，地台是钉在地面的箱子，一般高度不超过 250 mm，而榻榻米通常会高于地台，高度可达 600 mm。

中式风格地台应用

地台仅供喝茶、休闲使用时，高度一般为 150 ~ 250 mm，相当于在视线上起到分割空间的作用。

现代风格地台及床体设计

当地台与床体结合时，其高度为 250 ~ 600 mm，地台可以作为床，铺上床垫即可。

大部分的空间都可以安装地台，但是小空间最为适合。在小户型房子中安装地台，将垂直空间进行分割，增加收纳空间的同时，也拓展了视觉空间。此外，地台可以打造出多种几何图案，方、圆皆可，一层、两层、三层及多层地台形式自由灵活，组合多样。

地台能区分空间。在客厅和餐厅一体的空间内，设置一处地台，可以从高低、尺寸、形式上对客厅和餐厅进行划分。地台能因势利导、营造氛围，打造如茶室、书房、棋房等活动空间，从视觉上很好地营造出相应的氛围。需要注意的是，安装地台后的地面存在高低差，对老人和小孩有潜在伤害危险。

圆形地台

圆形地台适用于儿童房、娱乐空间，显得十分俏皮、活泼，与圆床结合设计，显得更有层次感。

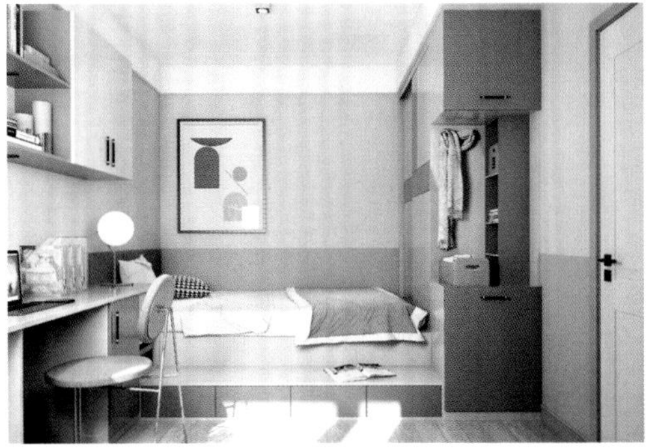

两层地台

多层地台设计能够增加储物空间，还可以与衣柜一体化设计，弥补空间面积的不足。

2.3.2　地台作用

1. 增加收纳空间

地台其实就是钉在地面的箱子，地台内部就是超大容量的收纳空间。因为地台开合比较麻烦，所以更适合收纳一些大件或取用不频繁的物品，比如行李箱、换季衣服、被子等，这样地台就不用经常打开了。

2. 多功能合一

地台不仅能用作收纳，还具备其他多种功能。把地台当作娱乐区，可以直接坐在上面，躺着坐着都行，不用担心沙发不够坐；当作休闲区，在地台上午后小憩等，都是不错的选择。

3. 地台直接当床

如果地台设计得好，家里连床都不需要了。有些人会直接在卧室床的位置打造地台，常见的做法是将地台与衣柜相连，衣柜边再设计一个书桌。

值得注意的是，地台的优点虽多，但也有不少缺陷。如收纳效率不及柜体，每次收纳物品都需要打开一次地台，拿取十分不便，且不易保养与清洁。此外，地台容易受潮，可能影响物品存放。

2.3.3 地台安装流程

地台系统需要提前定制好板材，运输到现场安装，这样可以降低施工的噪声，减少废料。厚实的桐木板上钉有 30 mm × 45 mm 的樟子松木条，这种牢固的支撑方式是保证地台不变形的重要因素。

为了方便掀开地台，每块木板都定做了梅花形镂空抠手。木板正反面都涂刷了清漆，即使地台藏在榻榻米下面，仍可看出其精湛的制作工艺。

1. 定位与画线

根据设计要求在窗的下框标明高度和位置，画出地台板的标高、位置线。

2. 定位预埋件

找位与画线后，定位并预埋地台板安装位置的预埋件。

3. 基层安装

如果需要安装地台板支架，安装前应核对固定支架的预埋件，确认标高、位置无误后，根据设计构造进行支架安装。

4. 地台板安装

按设计要求找好位置，进行预装，标高、位置、出墙尺寸符合要求，接缝平顺严密，固定件无误后，按其构造的固定方式正式安装。

5. 现场保护

地台框架做好之后，工人会带上纸板，铺在地面保护地台。现场安装难免存在磕碰，将板材与成品保护好是对安装工作负责的表现。需要注意的是，如果地台需要设计榻榻米，需要在墙面预留插座，当榻榻米高度达到 400 mm 时，插座距离榻榻米表面 200 mm 以上较为适宜。

2.3.4 地台案例分析

方案一：地台榻榻米

地台搭配榻榻米设计能够营造出休闲、聚会的空间，人们在榻榻米上可以品茶、下棋、看书等。地台下方设计一排储物抽屉，能够轻松储藏不常用的物品，两侧的展示柜可以放置书籍、展示工艺品。另外，在设计中要注意升降地台的高度，一般在 350 ~ 400 mm 之间。

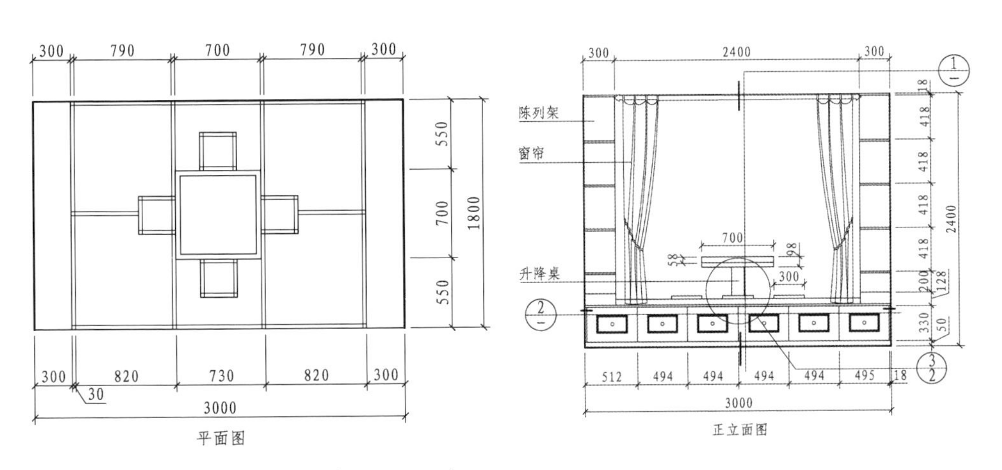

地台榻榻米系统构造详图（一）（单位：mm）

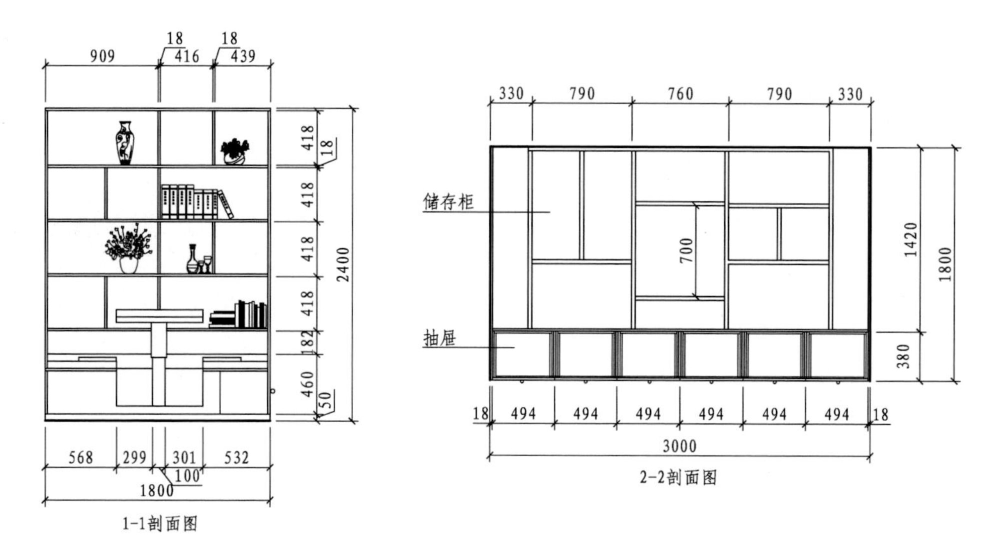

地台榻榻米系统构造详图（二）（单位：mm）

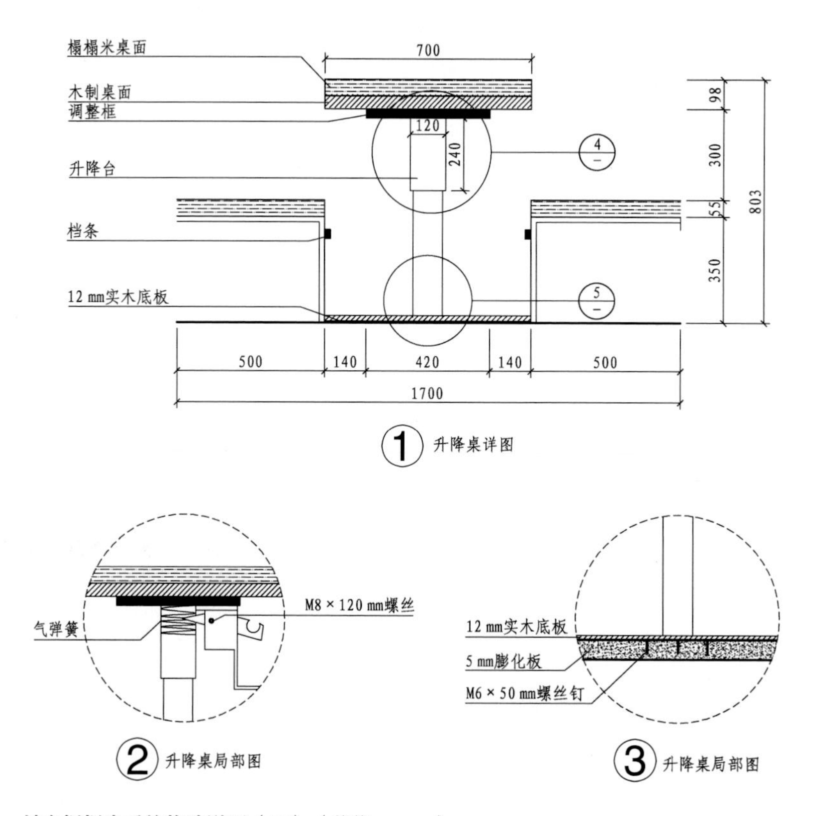

地台榻榻米系统构造详图（三）（单位：mm）

方案二：床 + 地台

床＋地台设计实景图

床 + 地台的设计，完美解决了卧室空间小、家具摆放难的问题，合理运用了室内的每一寸空间。因此，床垫与地台表面都十分光滑，在设计地台与床体时，要注意防滑，地台边缘位置应适当高出 10 ~ 20 mm，正好将床垫卡在地台中。可将地台周围的墙面设置护墙板，方便日常清洁维护。

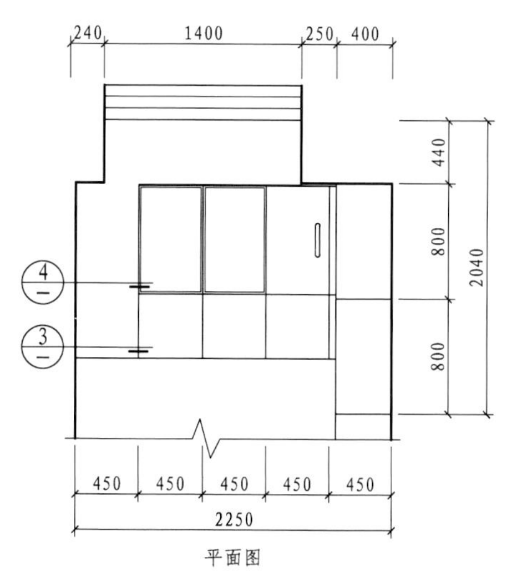

平面图

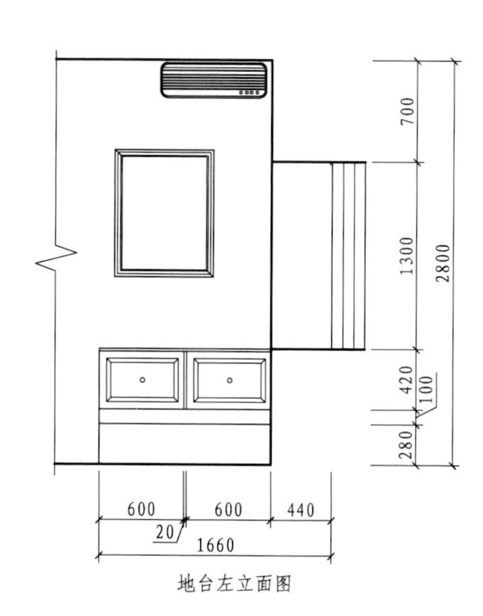

地台左立面图

床＋地台系统构造详图（一）（单位：mm）

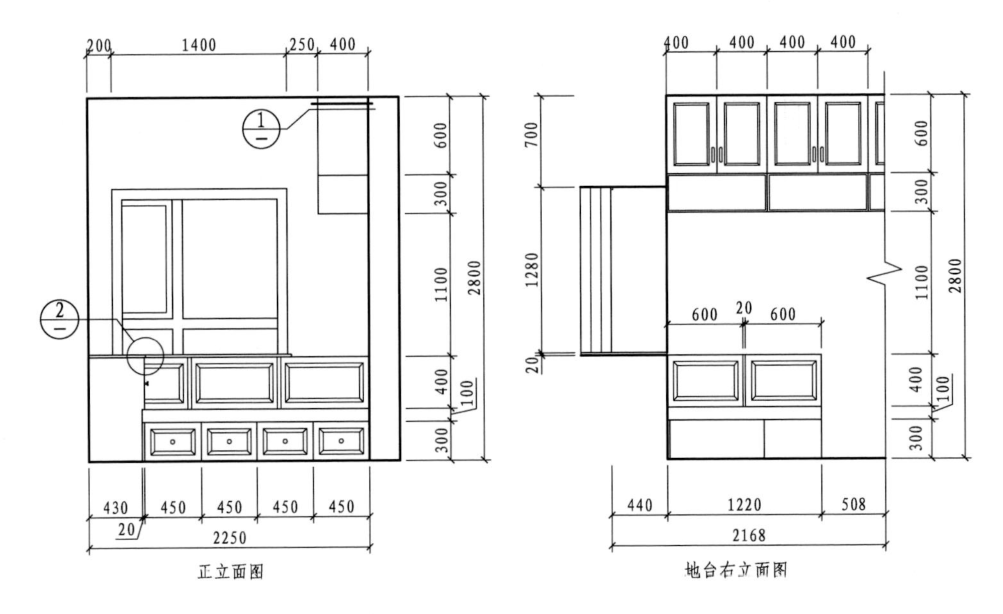

床＋地台系统构造详图（二）（单位：mm）

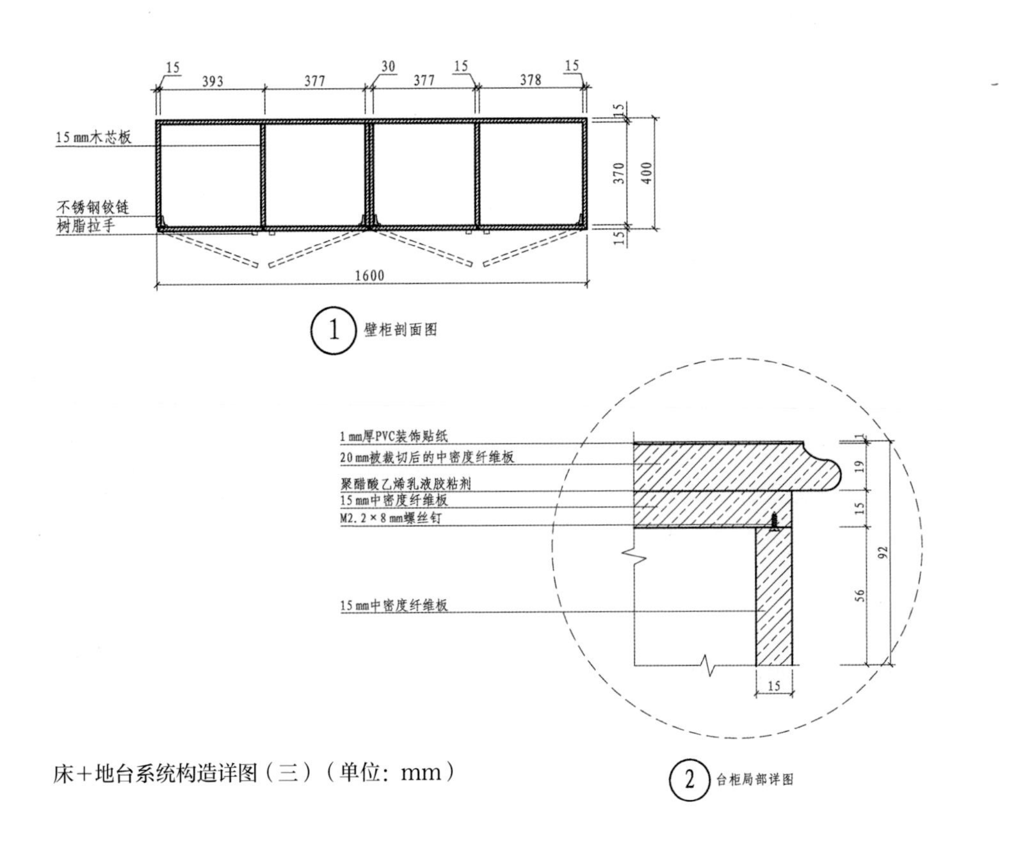

床＋地台系统构造详图（三）（单位：mm）

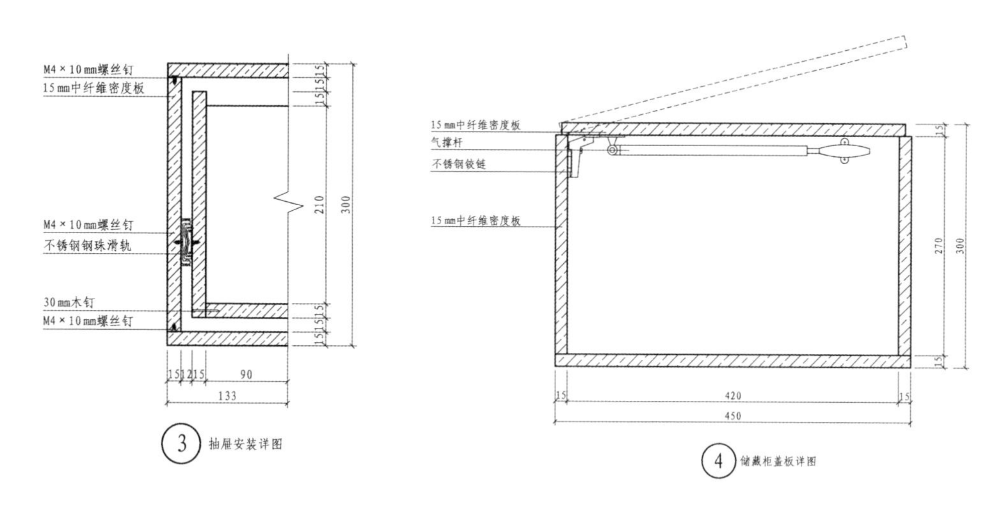

床＋地台系统构造详图（四）（单位：mm）

方案三：休闲地台＋储物柜

休闲地台＋储物柜设计实景图

休闲地台＋储物柜的设计能够集休闲娱乐、储物、展示功能为一体。地台需要托起储物柜，因此地台的承重性能是设计重点之一。地台必须足够稳固，才能保证日常使用的安全性。地箱底板与立板之间应选用气钉枪固定，排列须紧密结实，这样能更好地加固地箱。

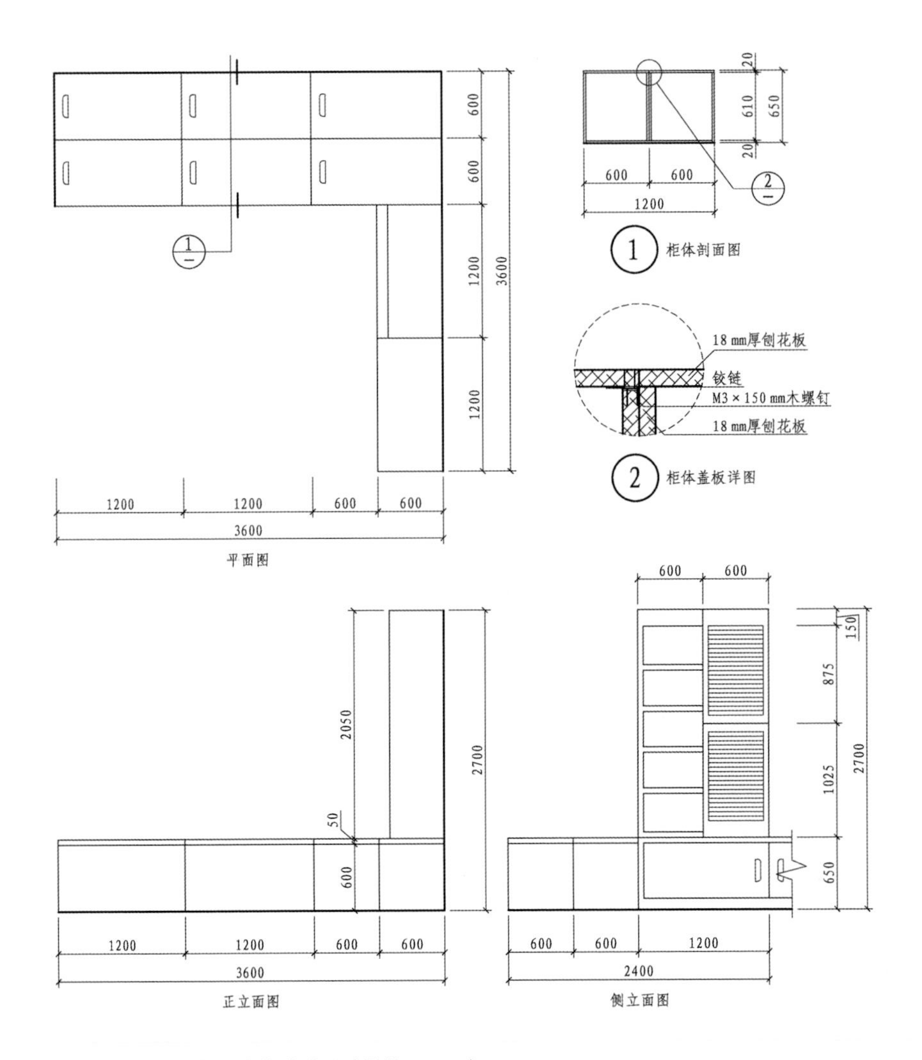

休闲地台＋储物柜系统构造详图（单位：mm）

2.4 成品房门

2.4.1 成品房门概念

成品房门也称为套装门，是指厂家批量生产的门，购买回来后可直接安装。与木工制作的房门相比较，成品房门具有安装速度快、款式种类多、装饰效果好等优势。

定制成品房门以实木作为主材，外部压贴中密度板作为平衡层，其饰面由国产或进口的天然木片皮经过高温热压后制成，最后外喷饰高档环保木器漆。

成品实木门
以实木为主材，经过高温热压成型的木门，安全可靠，物理性能稳定。

成品玻璃门
具有良好的通透性，在厨房、阳台、书房等空间中应用广泛，门套一般为木材或铝合金材质。

2.4.2 成品房门分类

1. 实木门

实木门取原木为主材做门芯，经过烘干处理，再经过下料、抛光、开榫、打眼等工序加工而成。经加工后的成品实木门具有不变形、耐腐蚀、隔热保温、无裂纹等特点，还具有吸声隔声的功能。实木门里外都用同种木料，因此在外观上没有明显差异，涂漆之后的外观非常接近原木门，在室内门中属于档次很高的成品门。

2. 原木门

原木门在加工过程中，要求对木材进行一系列的脱水、烘干以及力学性能的处理。由于原木门不仅是“纯木头”，更是由“大料”制成，里外都是同一种木质，因此在工艺上要求更高，价钱也更贵。

实木门

3. 实木复合门

实木复合门的主材由松木、杉木或进口填充料等黏合加工而成，面层是以高密度板与实木木皮为主，在高温作用下热压而成的，最后采取实木线条封边。

原木门

实木复合门的合成方式以粘贴为主，具有保温隔热、阻燃等特性，但隔声效果低于实木门。其优点是不易开裂变形、环保，耐久性、耐撞击性好，易修复，有很强的实木感和手感。另外，实木复合造型十分美观，款式多样，能够适合不同风格的家庭装修。它是目前市场上最畅销，也最被看好的门。

4. 模压木门

模压木门依托干燥的方木组合做龙骨架，并在龙骨架上粘贴带造型、仿真木纹的高密度纤维模压门皮板，由机械压制而成。

实木复合门

模压木门的门芯是空的，因此其隔声、隔热效果相对实木门来说要差一些，最大的缺陷就是不耐冲击和碰撞。但是，模压门具有防潮、耐膨胀、不裂纹变形的特点，并且价格与实木门相比更经济实惠，为一般家庭装修的首选。

2.4.3 成品房门安装

1. 现场质检

成品房门运到现场后，消费者、施工人员、设计人员要一起对门进行质量、颜色、尺寸的检查，查看门是否有损坏，若遇损坏，需及时更换，确认无误后才能进行安装。

模压木门

2. 门套安装

安装门套的时候需要根据门扇和门洞的尺寸，找到正确的安装点。先安装门套固定点，固定时要保证固定点的垂直度。接下来就要用胶黏剂和气钉枪对门套进行固定，门套的固定必须垂直方正。

3. 配件定位

门套安装前要进行试装，之后根据门扇上安装合页的位置找出门套合页的位置。定位好合页线，确定之后就可以在门套上开槽打孔进行安装，开槽的深度要以合页的厚度为准。

4. 安装门扇

安装时要将门调整到合适的高度，上下合页各固定一个螺钉后，检查边缝是否均匀，检查完以后，再固定其他螺钉。

5. 安装门套线

先按门套的高度和宽度裁好门套线，在门套线和门套边涂上胶水，将门套线贴在门套边上并敲实。

6. 成品门安装检验

安装完成后，检验成品房门是否安装到位，是否存在安全问题。

2.4.4 成品房门案例分析

方案一：轨道推拉门

推拉门上部的轨道盒尺寸要保证高 120 mm，宽 90 mm。像窗帘盒一样，轨道盒内安装轨道，可以将推拉门悬挂在轨道上。如今大多数门或门洞的高度是 1950 ~ 2100 mm，经验表明，当门的高度低于 1950 mm 时，无论人的身高是多少，都会感觉很压抑，不舒服。因此，在设计推拉门时，高度要在 1950 mm 以上，有足够空间做轨道盒才可以考虑做推拉门，否则只能是外部悬挂，即轨道盒露在外面，美观性很差，而且时间一久，门与墙面的缝隙会变大，影响房门的安全性。

推拉门的宽度十分讲究，宽度过大，门不易来回推动；宽度过小，人在经过时会感到局促。推拉门的黄金尺寸在 800 mm × 2000 mm 左右，在这种结构下，门是相对稳定的。如果在门高于 2000 mm 时做推拉门，为了保持门的稳定性与安全性，在面积不变的情况下，可以将门的宽度缩减或多做几扇推拉门，如下图所示。

悬挂式轨道推拉门实景图
成品玻璃门门框采用优质黄花梨色铝合金材质，具有良好的抗弯曲、变形性能。玻璃门以钢化玻璃为原材料，十分安全，具有良好的通透性。拉手采用不锈钢材质，表面进行了镜面抛光工艺，看起来十分光亮，且具有高级感。

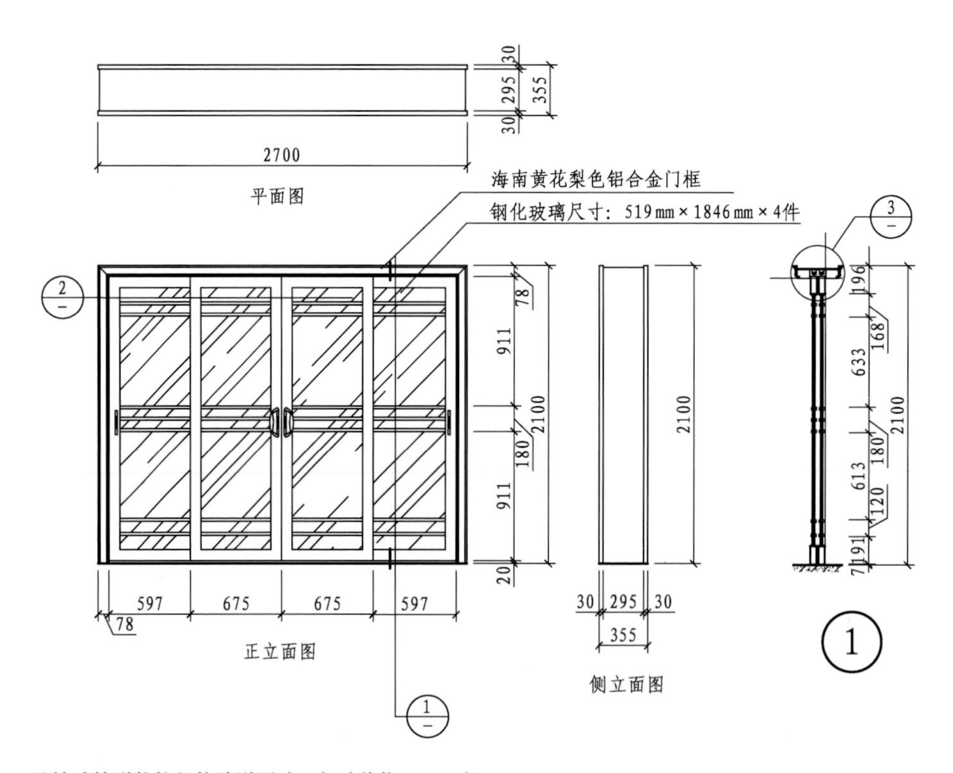

悬挂式轨道推拉门构造详图（一）（单位：mm）

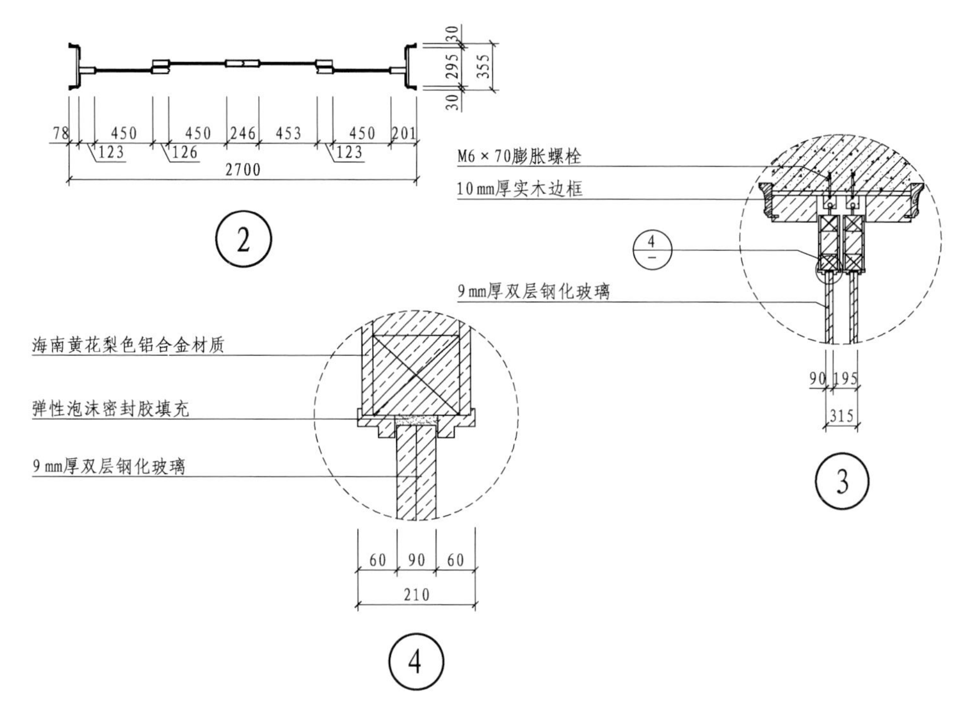

悬挂式轨道推拉门构造详图（二）（单位：mm）

方案二：日式格子推拉门

日式格子推拉门最大的特点是安全性高，与其他推拉门相比较，没有下轨，十分适合有老人、小孩的家庭。缺点是推拉门使用时间久了之后，会有刺耳的噪声，门合起来还可能出现缝隙。

日式格子推拉门通常分为轻型与重型两种。一般家庭会选择轻型格子推拉门，推动起来十分轻便，选择样式多，可与室内的设计风格保持一致。门框和门板材料甚至可以与衣柜门、隔断等保持一致，有利于保持空间的整体性。

日式格子推拉门实景图

纯日式格子推拉门的中间是纸，两面用细木条夹住。细木条与门板、门框采用相同的材质，十分简洁。门扇和滑轮系统通常都在工厂内直接加工成型，经过现场检查、定位，就可以进行安装。

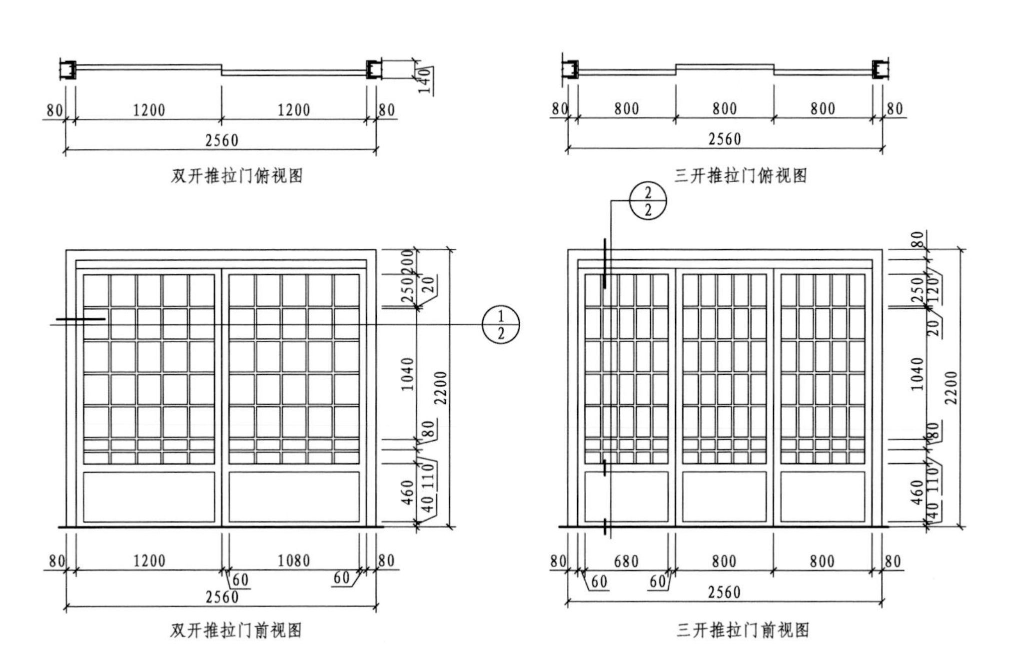

日式格子推拉门构造详图（一）（单位：mm）

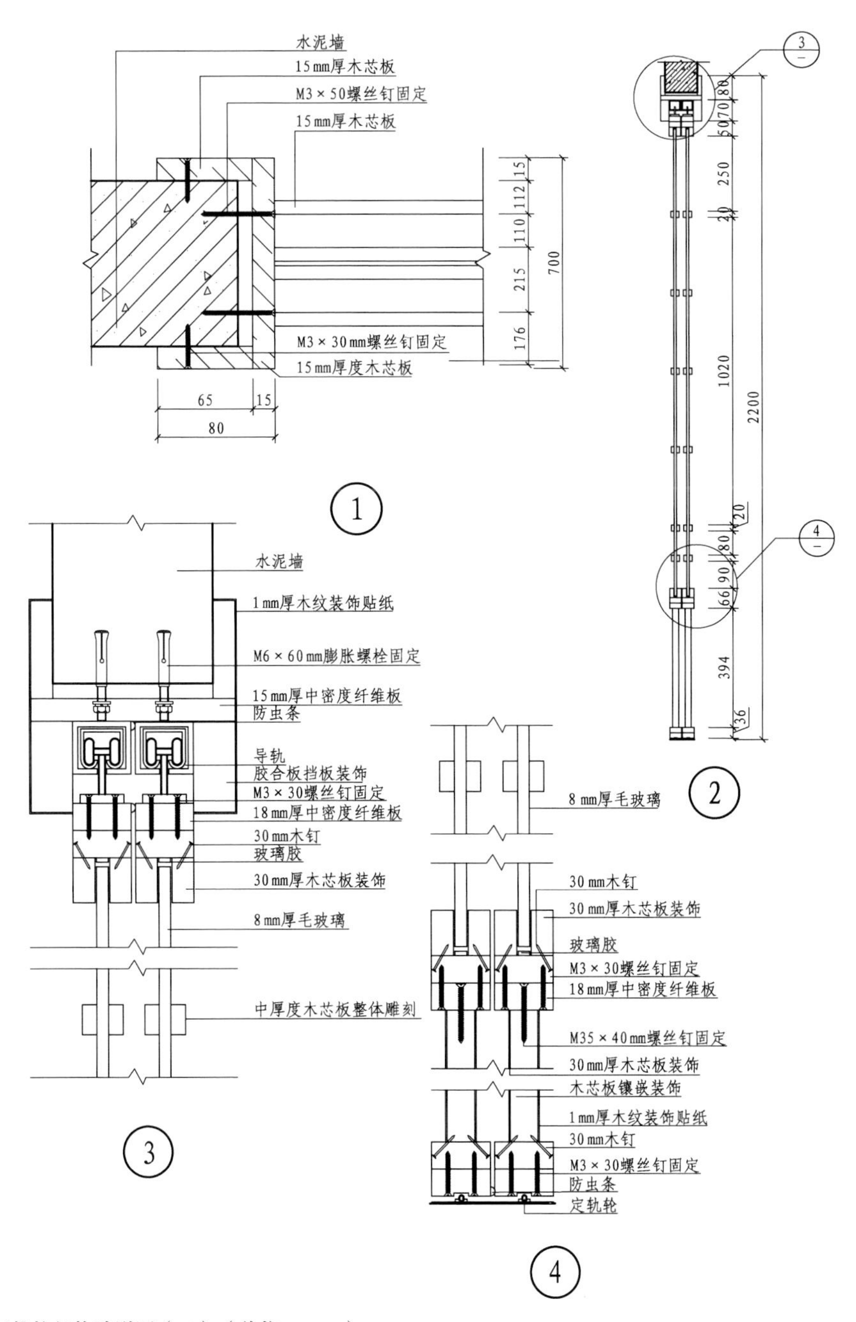

日式格子推拉门构造详图（二）（单位：mm）

方案三：成品房门

成品房门在装修中使用较多，造型时尚又具有特色，款式众多。成品房门由门扇、门框、把手、合页组成，门板局部采用了钢化玻璃材质。钢化玻璃属于安全玻璃中的一种，具有采光好，易清洗，机械强度高，热稳定性好，碎裂后不飞散、不易伤人等性能，并且有一定的防盗、防火作用。

成品房门实景图

成品房门对安装水平要求较高，安装时需调整水平度与垂直度，门套板与墙体间隙部分需打发泡剂等。门安装不好不仅会影响门的正常开启，而且会影响整个室内的效果。

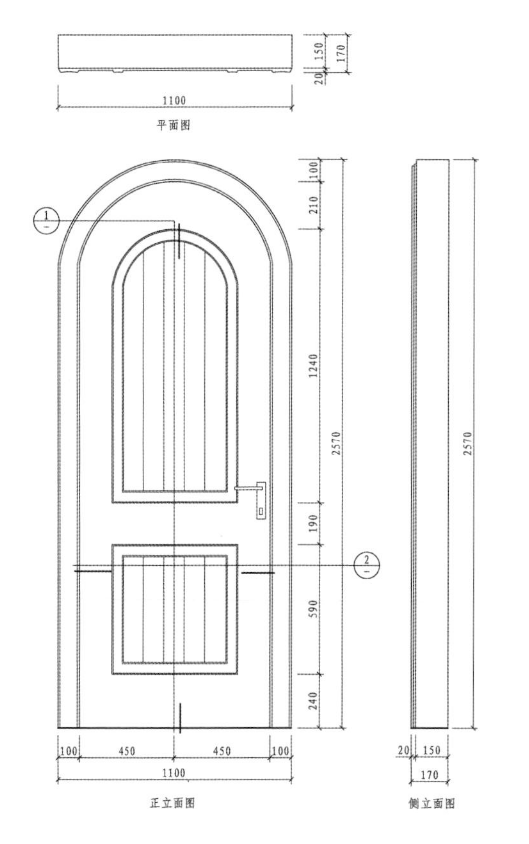

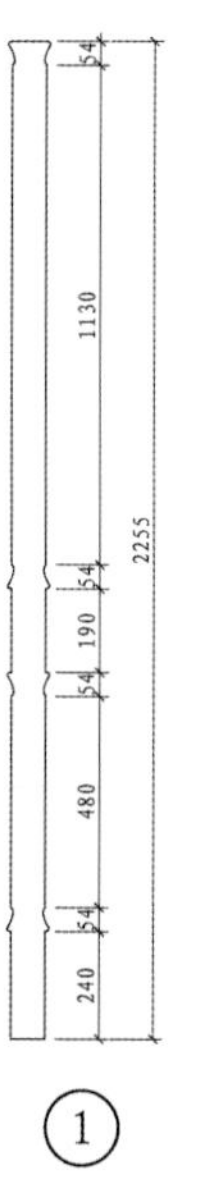

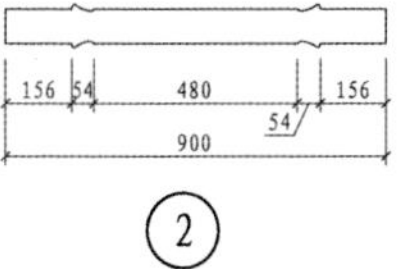

成品房门构造详图（单位：mm）

2.5 楼梯

2.5.1 楼梯概念

楼梯分为室外楼梯与室内楼梯两部分，本节以室内楼梯为主。室内楼梯，顾名思义是与各种室内空间相关的楼梯，追求舒适性与美观性的设计。定制室内楼梯多以实木、钢木、钢与玻璃、钢筋混凝土等多种混合材质为主。实木楼梯是高档室内空间中应用最广泛的楼梯；钢筋混凝土楼梯在结构刚度、耐火性能、造价、施工、造型等方面具有较多的优点，是普通室内空间中应用最广泛的楼梯。

钢楼梯
整个楼梯均采用钢结构制作而成，十分坚固耐用，但行走在楼梯上会有声响。

钢木楼梯
以钢材作为楼梯框架，踏步采用实木制作，将行走的舒适性与楼梯整体稳固性相结合。

钢筋混凝土楼梯
整个楼梯采用钢筋混凝土浇筑而成，十分稳固耐用，但一经铸造后就不能再改变造型及位置。

木楼梯
楼梯的大部分采用木质材料制作而成，脚感舒适，工艺复杂，造价较高。

2.5.2 楼梯组成元素

1. 楼梯段

每个楼梯段上的踏步数目不得超过 18 级，不得少于 3 级。

2. 楼梯平台

楼梯平台按其所处位置分为楼层平台和中间平台。

3. 栏杆（栏板）和扶手

栏杆（栏板）是设置在楼梯段和平台临空侧的围护构件，应有一定的强度和刚度，并应在上部设置扶手，扶手是设在栏杆顶部供人们上下楼梯倚扶的连续配件。

4. 将军柱

楼梯栏杆起步处的起头大柱，一般比大立柱要大一号。

5. 大立柱

栏杆转角处的，承接两根扶手或做扶手收尾的大柱子。

6. 踏步板

楼梯上供脚踏之用的水平构件，整体上一般为 38 mm 厚，钢筋混凝土楼梯踏步板为 30 mm 厚。

楼梯结构分析

2.5.3 定制楼梯安装步骤

1. 安装楼梯骨架

首先，将楼梯的高度重新核对，查看与图纸高度是否吻合；

其次，确定楼梯上挂和底座位置，L 形的楼梯还必须确定转弯处地支撑或墙支撑的详细位置；

最后，确定好位置后，固定上挂和底座。

2. 安装踏步板

首先，将踏步板取出，确定踏步板的安装位置，从上至下逐步安装，有踏步板小支撑的还要进行调节，再打眼将小支撑与踏步板连接而不固定；

其次，先固定好踏步板后再固定小支撑；

每一步都按照上述方式操作。

3. 安装栏杆扶手

首先，确定需要安装立柱的位置，打眼安装立柱；

其次，固定立柱底座，将上面的配件拧松，装拉丝和扶手；

最后，将拉丝和扶手安装好后调整到最合适的位置，固定所有栏杆立柱上面的螺钉。

2.5.4 楼梯精选案例分析

方案一：钢结构楼梯

钢结构楼梯以支点少、承重大、造型多、安装技术含量高著称，楼梯的钢板均经过调试准确焊接而成，在现代小户型公寓中尤其受欢迎。本方案选择了 150 mm 型钢立柱，10 mm 厚钢板底座，30 mm × 280 mm 钢踏板，60 mm 宽扶手，用型号为 M6 × 100 mm 的膨胀螺钉进行固定，最后用装饰盖子将钉眼进行覆盖。

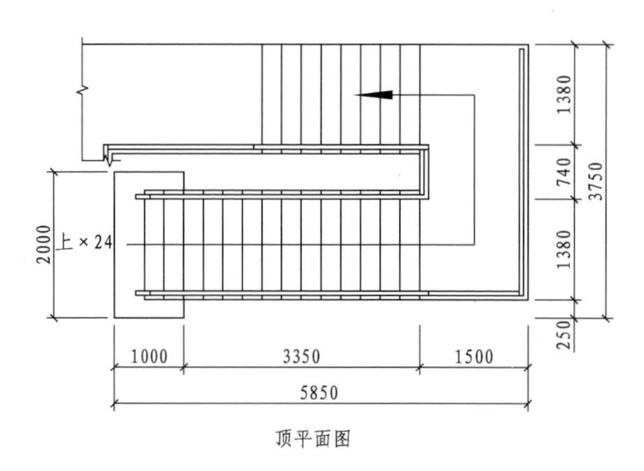

顶平面图

钢结构楼梯实景图

钢结构的楼梯不易受立柱、楼面等结构影响，造型多种多样，整体结实牢固。一套钢结构楼梯做工是否精细，可以从选材、安装等方面进行判定。

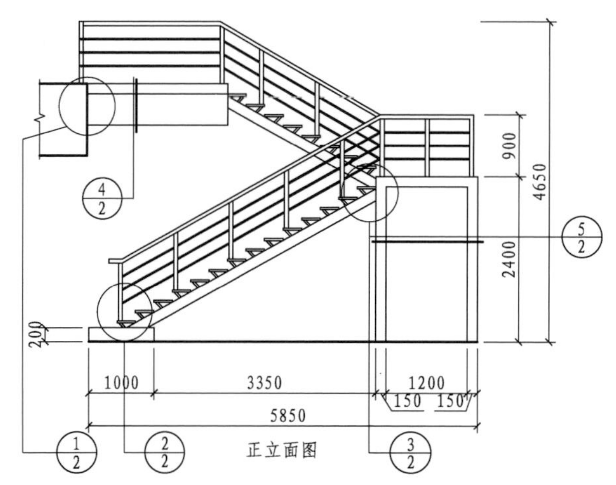

正立面图

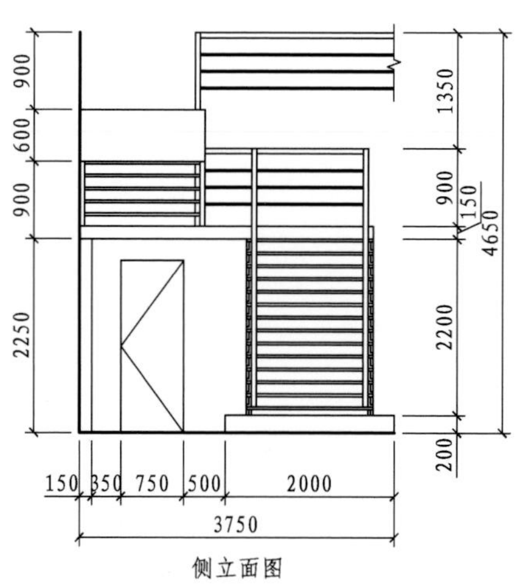

侧立面图

钢结构楼梯构造详图（一）（单位：mm）

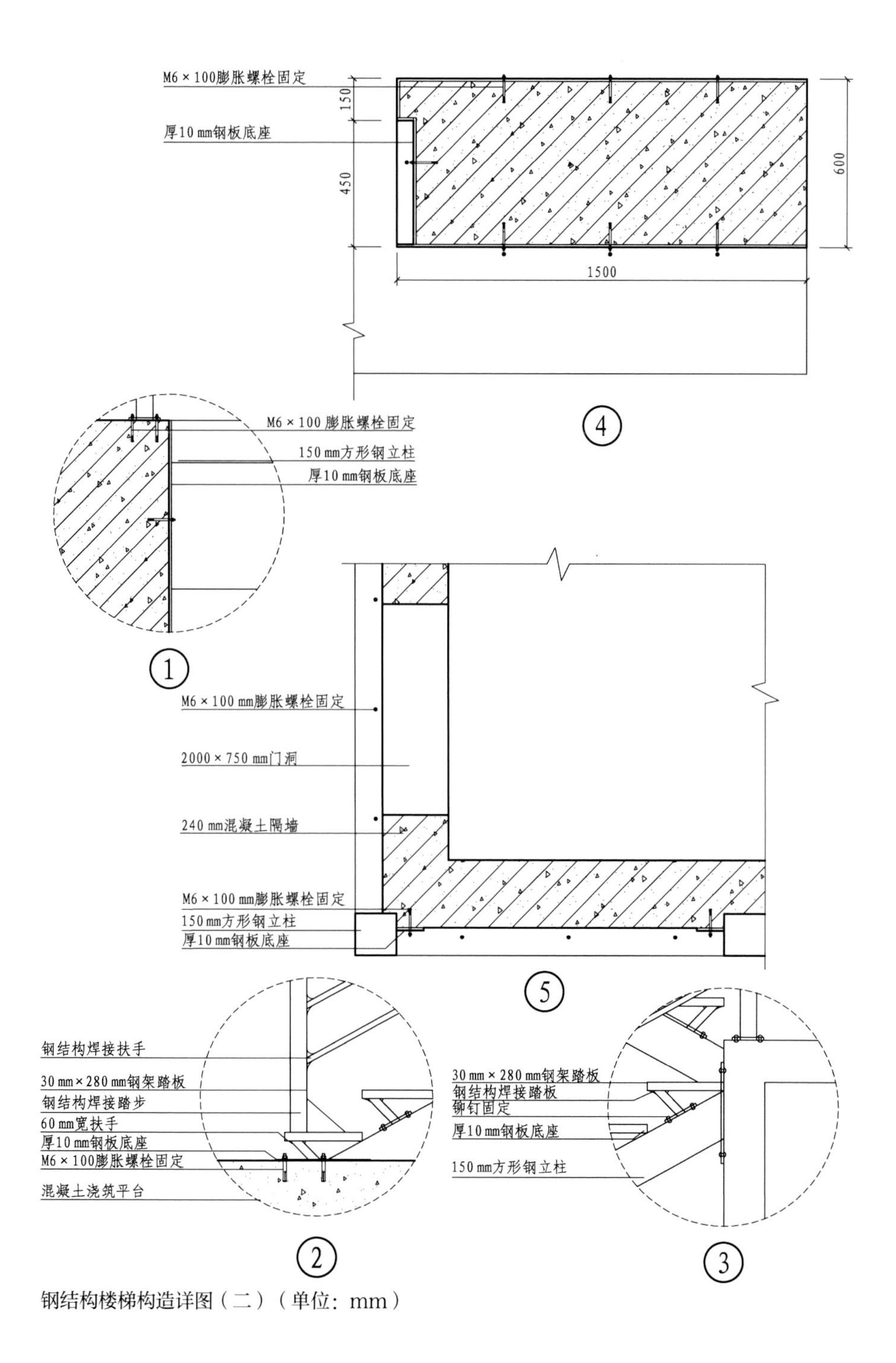

钢结构楼梯构造详图（二）（单位：mm）

方案二：旋转楼梯

旋转楼梯通常围绕着一根单柱进行布置，旋转楼梯的平面呈圆形，其造型美观、典雅，且十分节省空间，是占用室内面积较小的楼梯。其缺点是由于平台和踏步均为扇形平面，踏步内侧宽度很小，容易形成较陡的坡度，行走时不安全，且构造较复杂。

旋转楼梯的洞口尺寸最小为 1300 mm × 1300 mm。现在的旋转楼梯也就是中柱旋转式楼梯，它的受力点只有一个，即中心受力。

旋转楼梯实景图

因为旋转楼梯的特殊结构，人在楼梯的外侧行走时，踏步板会上下晃动，这是所有中柱旋转式楼梯的通病，而且楼梯的半径越大，晃动得越厉害。

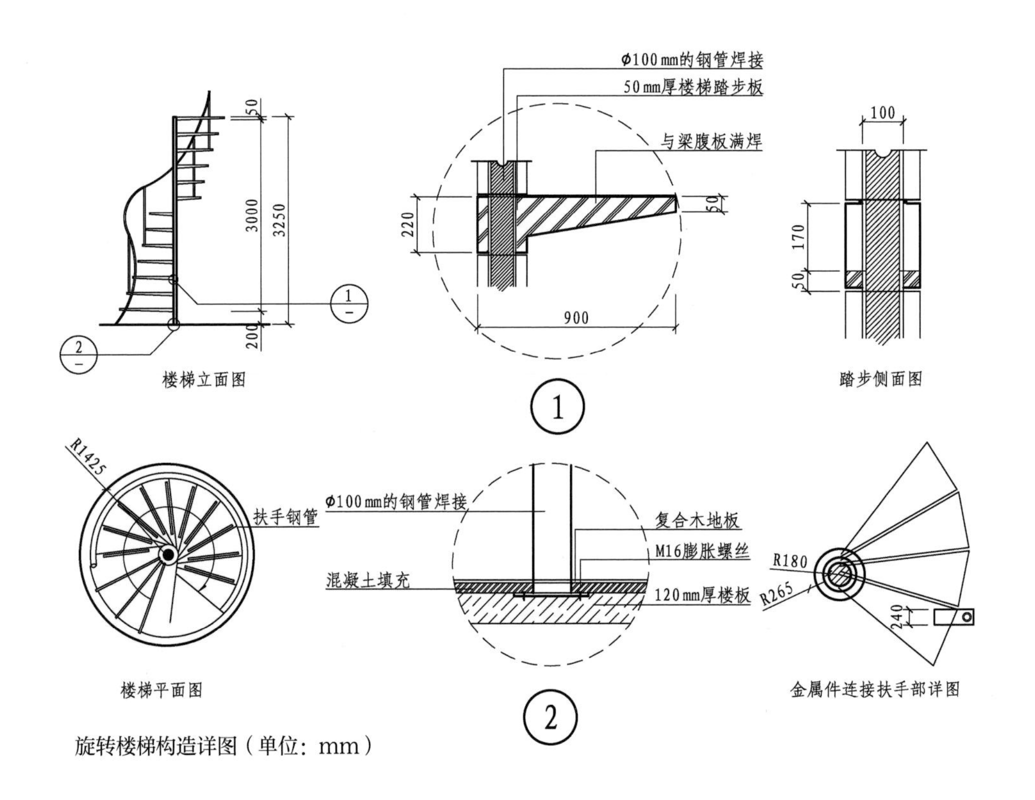

旋转楼梯构造详图（单位：mm）

方案三：实木楼梯

实木结构楼梯在视觉上给人温暖、舒服的感觉，其独特的纹理、典雅的气质占据了空间重心。

本方案是在钢筋混凝土楼梯的基础上，通过购买成品实木踏板、立柱、扶手等材料，对原始楼梯进行二次施工改造，这样一来，楼梯既具有坚固的基础设计，又具有实木楼梯的优良质感，两者的优点完美结合，并且弥补了各自的缺点。

实木楼梯实景图

木材易于造型，便于施工，且我国的雕刻工艺历史悠久，技术成熟，各种理想的楼梯造型都能通过雕刻实现。同时，这样设计能根据整体风格的需要搭配出各种不同的造型，达到私人订制的要求。

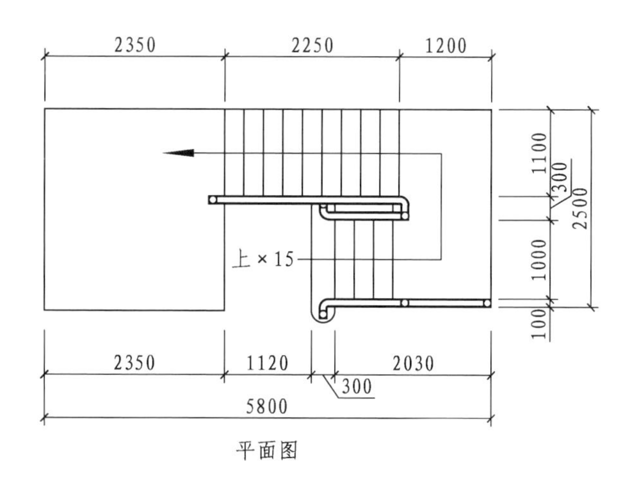

平面图

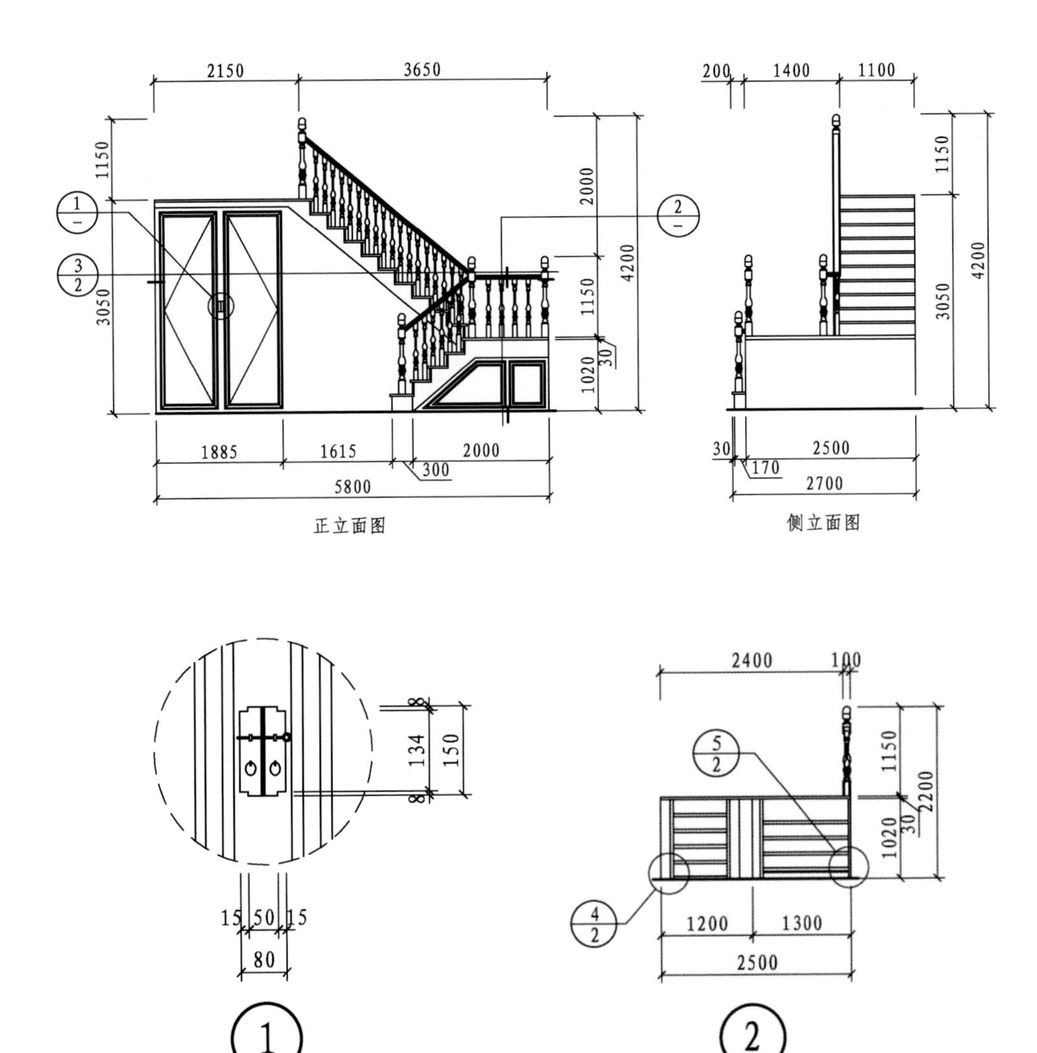

实木楼梯构造详图（一）（单位：mm）

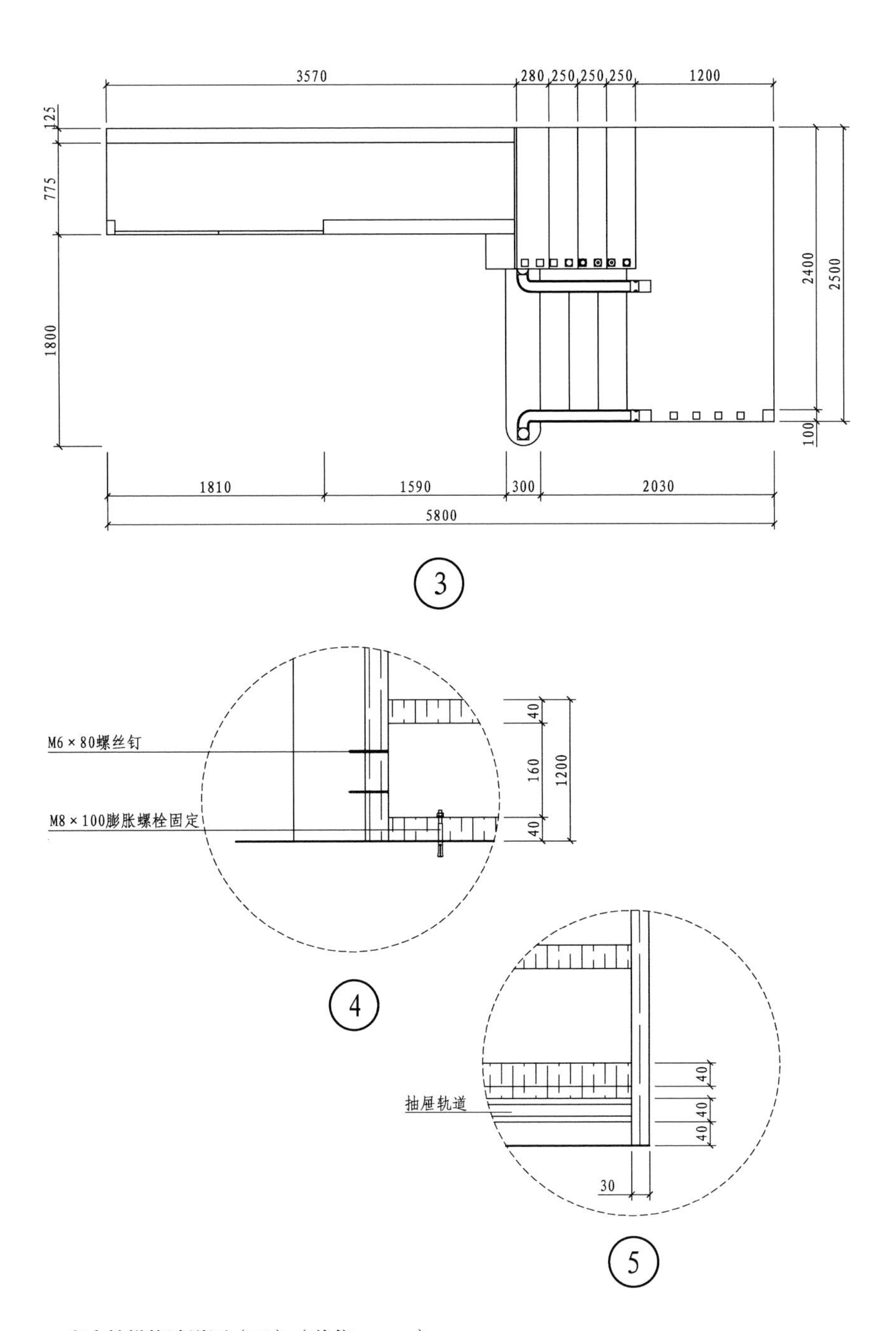

实木楼梯构造详图（二）（单位：mm）

第3章

全屋定制十二大风格案例详解

客厅定制效果图

重点概念：风格概述、设计形式、元素、软装陈设方式、尺寸、细节

章节导读：每一种风格的形成都需要特定的条件，只有经过时间的洗礼与沉淀，才能将最好的一面呈现给大众。不同的风格总能给人不同的感受，本章将通过多个详细案例，介绍目前全屋定制中最常见也是最受欢迎的十二大风格，每种风格分别以平面图、顶面图、鸟瞰效果图、家具构造图等形式，详细讲解其定制的设计要点。

3.1 北欧风格

3.1.1 北欧风格概念

北欧风格与装饰艺术风格、流线型风格等追求时髦和商业价值的形式主义不同，北欧风格以简洁实用为设计宗旨，体现出对传统的尊重、对自然材料的欣赏，以及对形式和装饰的克制，力求形式和功能上的统一。在北欧风格的空间设计中，室内的墙面、地面、顶面可以使用完全相同的装饰图案与纹样，只用简单的线条、色块来进行区分。

北欧风格全屋定制中，家具的主要特点是简洁，造型别致，做工精细，在色彩上喜好纯色，在造型上借鉴了包豪斯设计风格，并融入斯堪的纳维亚地区的特色，完全不使用雕花、纹饰，以自然简约为主。

北欧风格定制设计

在家具色彩的选择上，北欧风格偏向于浅色，如白色、米色、浅木色。常常以白色为主调，使用鲜艳的纯色为点缀，给人以干净明朗的感觉，没有丝毫的杂乱感。

3.1.2 北欧风格案例解析一

1. 平面与顶面布置图

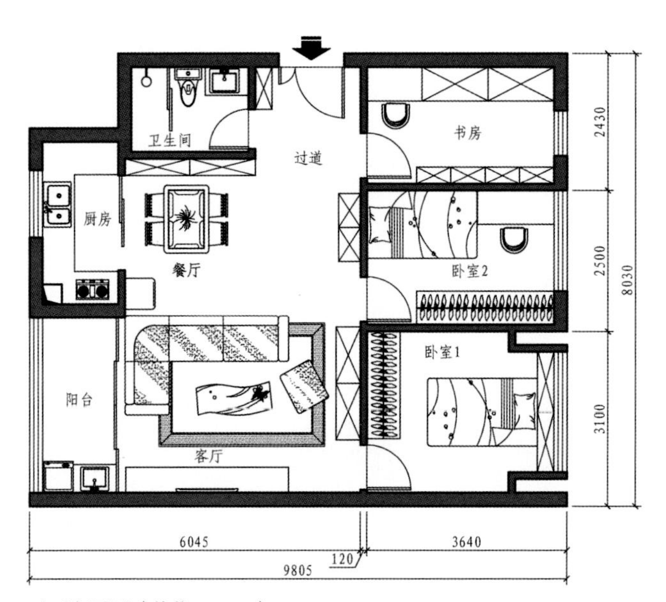

平面布置图（单位：mm）

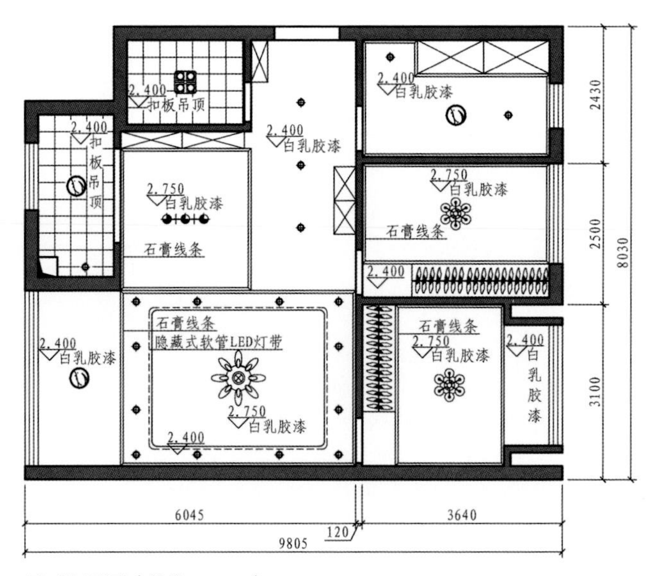

顶面布置图（单位：mm）

2. 软装与家具风格设计要素

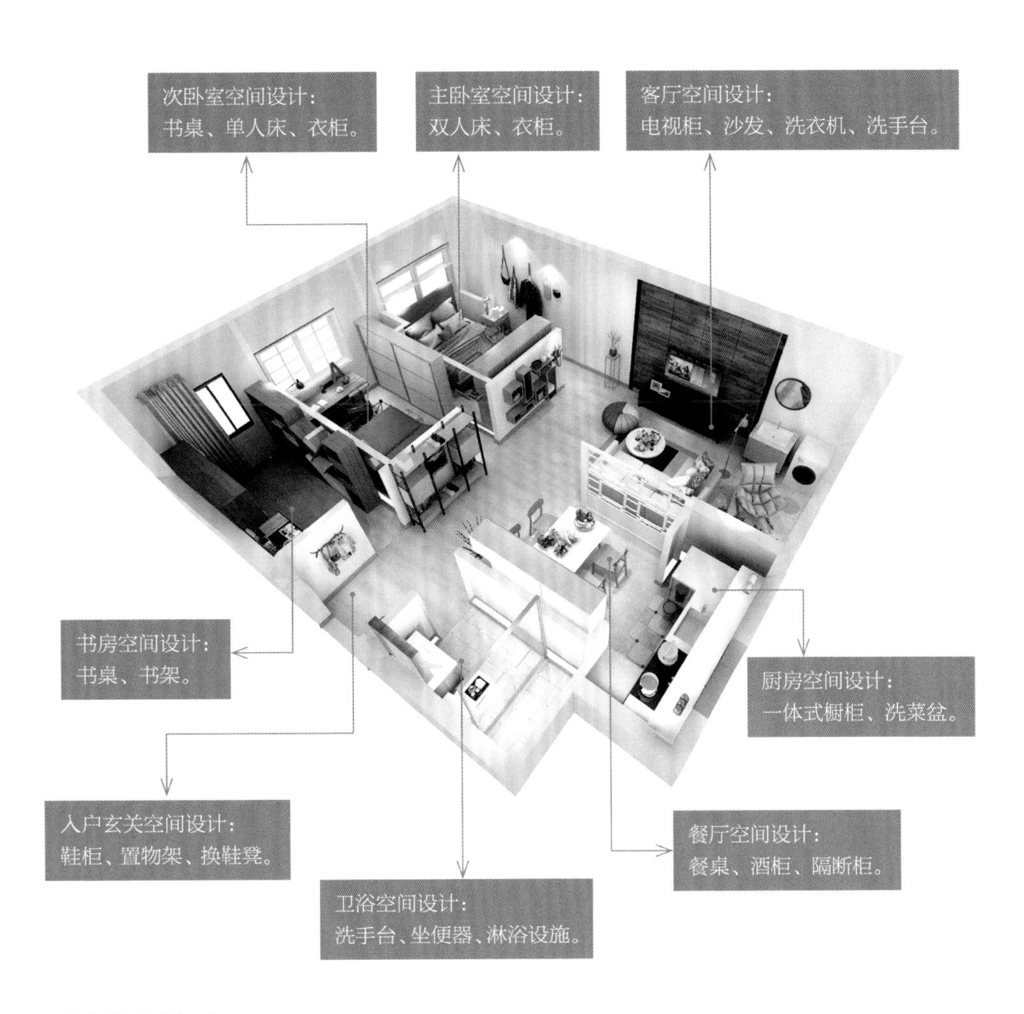

整体效果图（一）

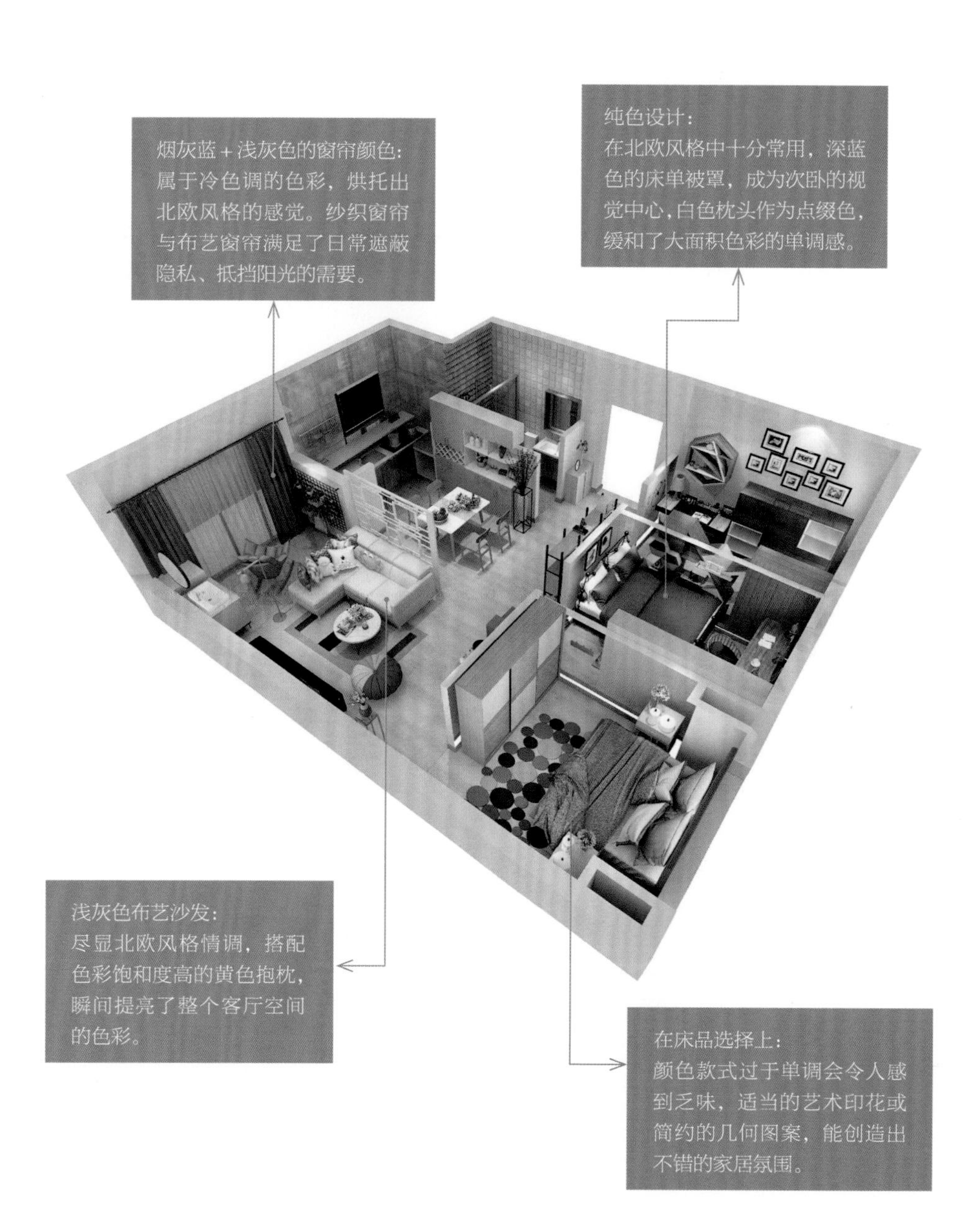
烟灰蓝+浅灰色的窗帘颜色：属于冷色调的色彩，烘托出北欧风格的感觉。纱织窗帘与布艺窗帘满足了日常遮蔽隐私、抵挡阳光的需要。
纯色设计：在北欧风格中十分常用，深蓝色的床单被罩，成为次卧的视觉中心，白色枕头作为点缀色，缓和了大面积色彩的单调感。
浅灰色布艺沙发：尽显北欧风格情调，搭配色彩饱和度高的黄色抱枕，瞬间提亮了整个客厅空间的色彩。
在床品选择上：颜色款式过于单调会令人感到乏味，适当的艺术印花或简约的几何图案，能创造出不错的家居氛围。

整体效果图（二）

3. 客厅墙面展示柜设计

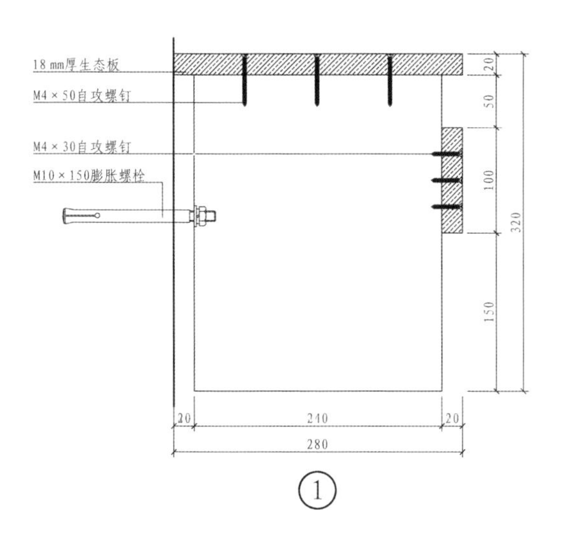

客厅墙面展示柜构造详图（单位：mm）

客厅墙面展示柜效果图

定制版的镂空展示柜，挂在墙上很有韵味，它不同于一般的储物柜，这种展示柜的视觉感更轻盈，造型更加多样化。各种矩形格子连接在一起，呈现出个性化的装饰效果。由设计师确定好尺寸后，交给家具制作厂，就能打造独一无二的定制款展示柜，无论是款式大小还是材质，都与市面上一般的展示柜不同，更具优势。

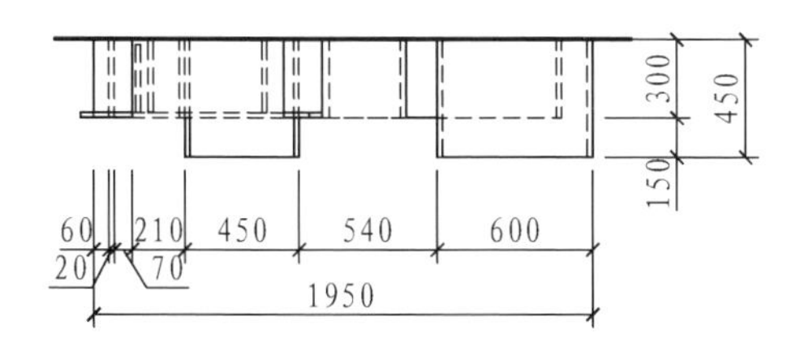

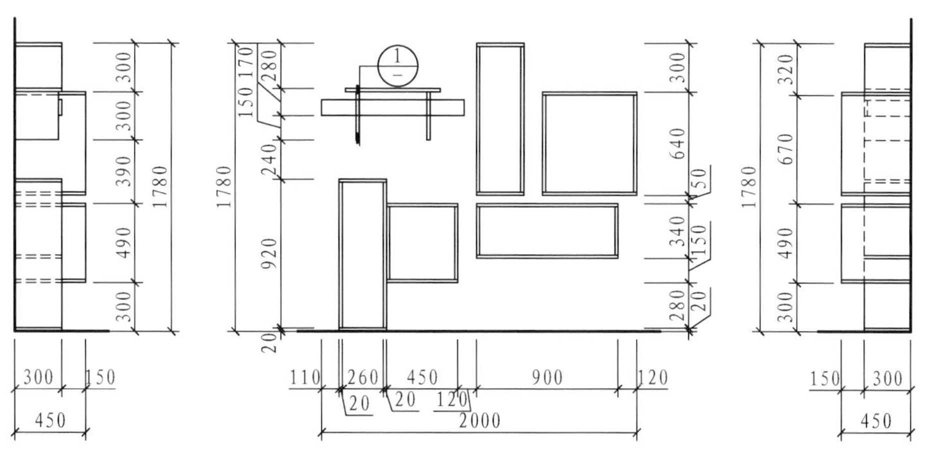

客厅墙面展示柜三视图（单位：mm）

4. 书房书柜设计

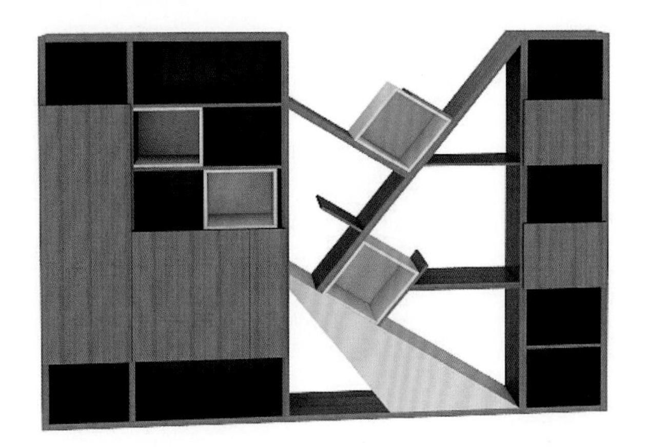

书房书柜效果图

书房的书柜采用储物柜 + 书架的设计形式。中部的异型书架，打破了固定的空间思维，改变了以往固有的设计款式。三层交错式的书架，能够排列各种尺寸的书籍，书籍的摆放方式可以是正着摆放，也可以是侧着或倾斜着摆放，使书柜的展示效果更加多样化。

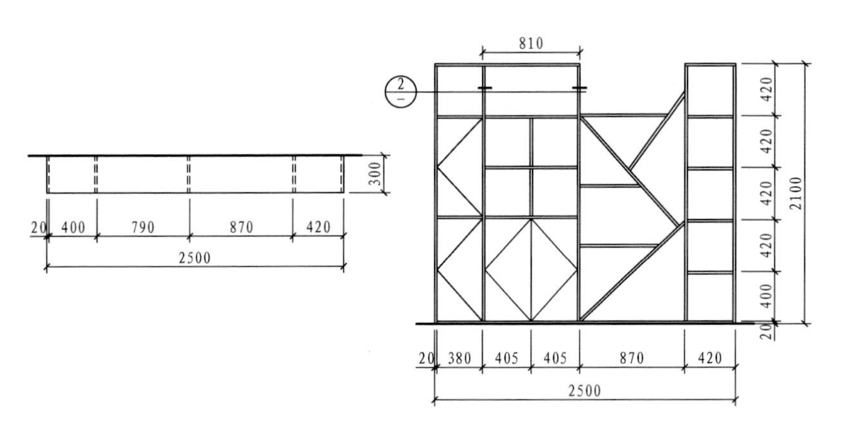

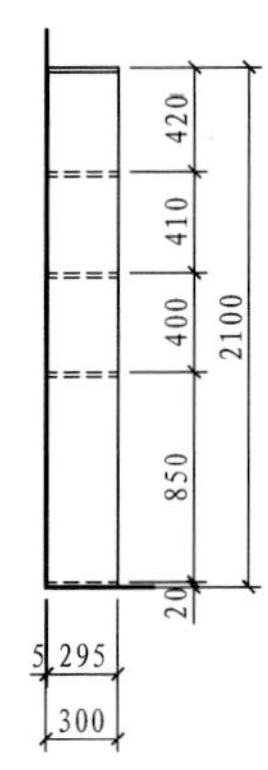

书房书柜三视图（单位：mm）

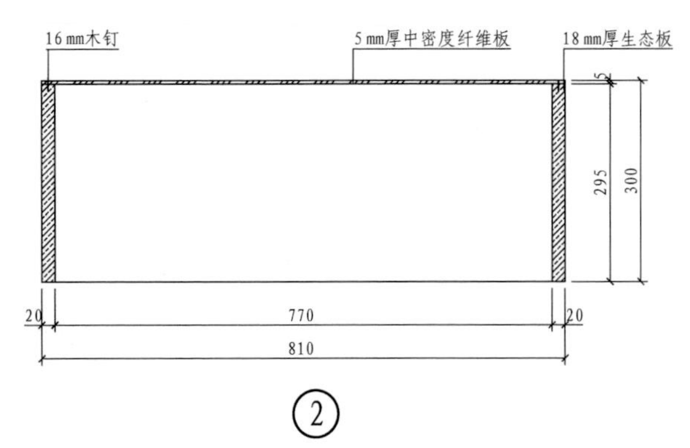

书房书柜构造详图（单位：mm）

5. 书房储物柜设计

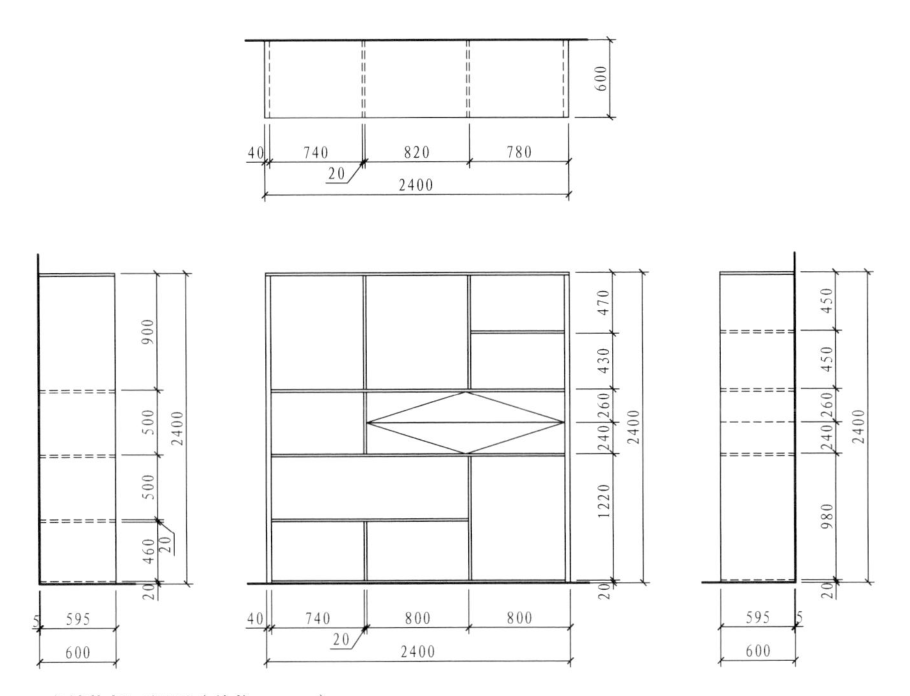

房储物柜三视图（单位：mm）

书房储物柜效果图

储物柜是北欧风格家具设计的亮点，以简约著称，具有很浓的后现代主义特色，注重流畅的线条设计，体现了一种时尚、回归自然、崇尚原木的韵味。另外，设计中加入了现代、实用、精美的设计元素，反映出现代都市人进入新时代后的个性取向。

3.1.3 北欧风格案例解析二

1. 平面与顶面布置图

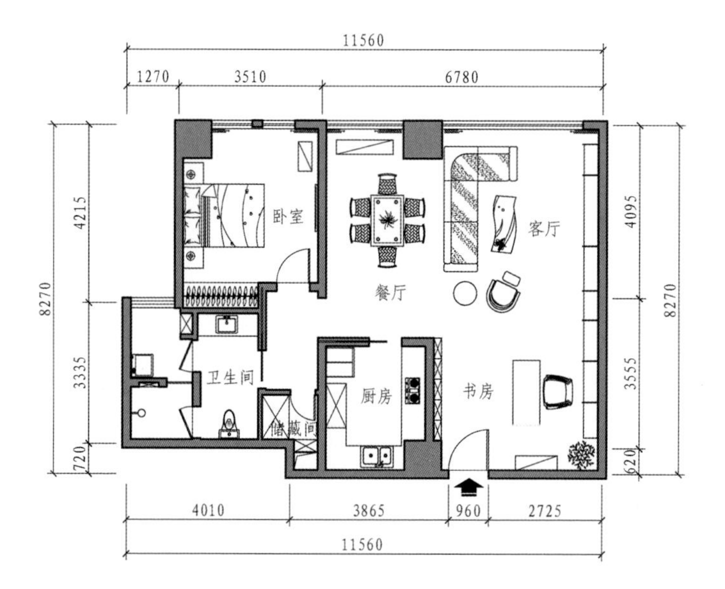

平面布置图（单位：mm）

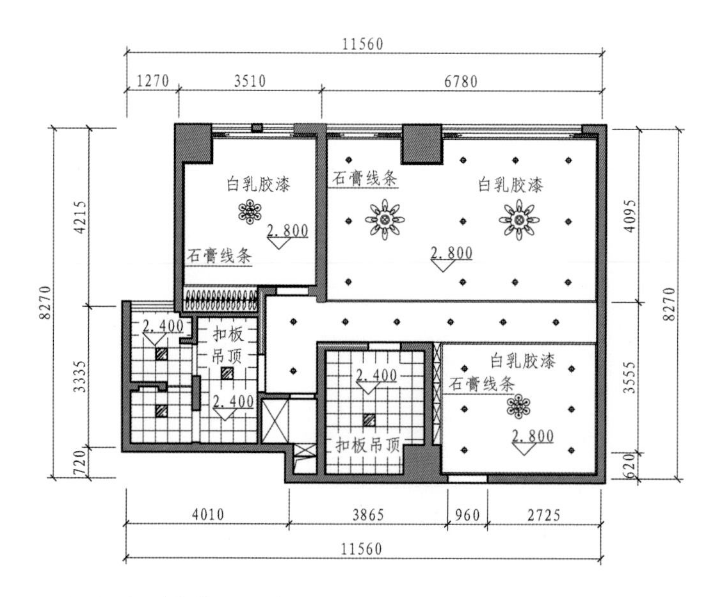

顶面布置图（单位：mm）

2. 软装与家具风格设计要素

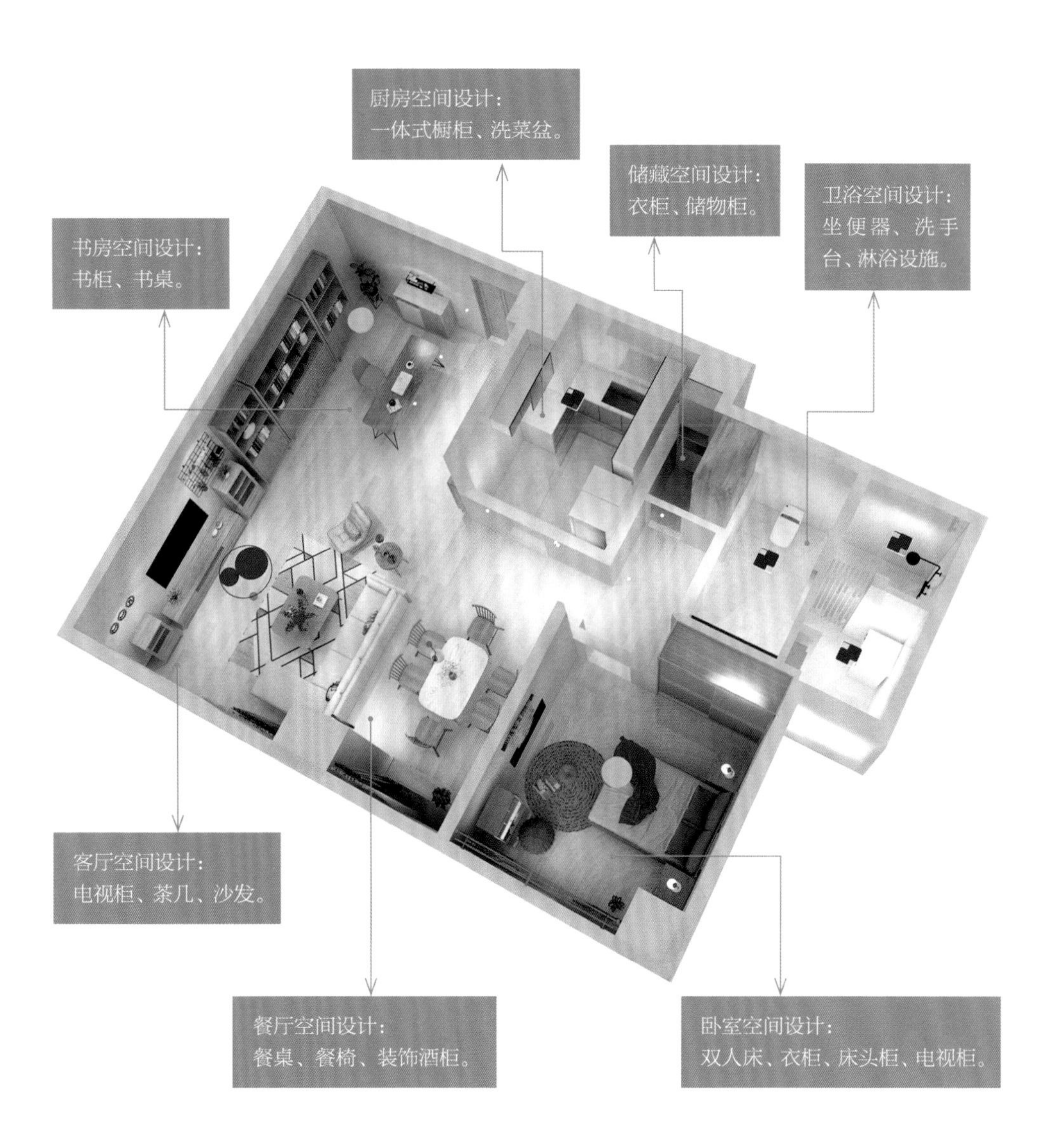

整体效果图（一）

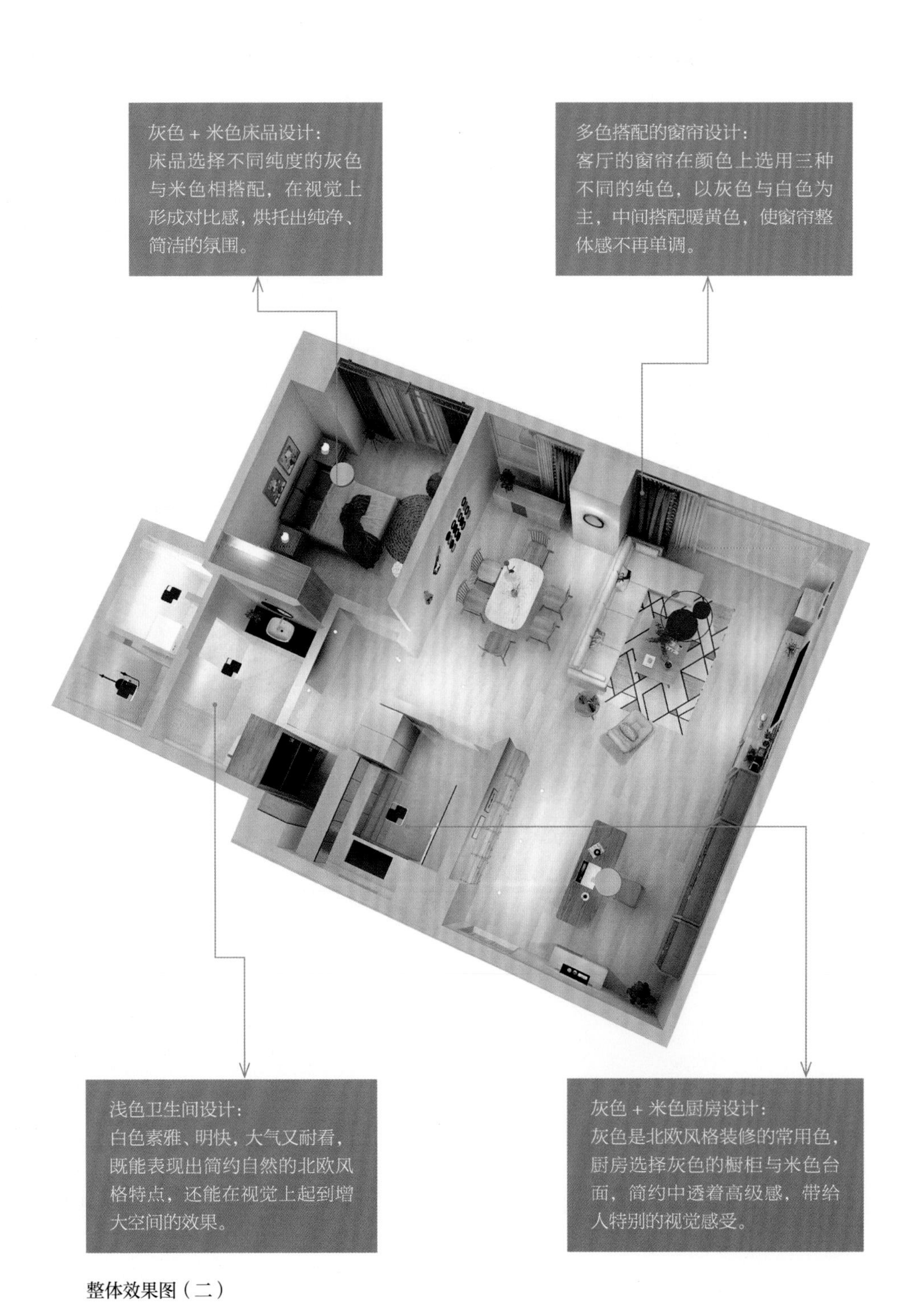
灰色 + 米色床品设计：
床品选择不同纯度的灰色与米色相搭配，在视觉上形成对比感，烘托出纯净、简洁的氛围。
多色搭配的窗帘设计：
客厅的窗帘在颜色上选用三种不同的纯色，以灰色与白色为主，中间搭配暖黄色，使窗帘整体感不再单调。
浅色卫生间设计：
白色素雅、明快，大气又耐看，既能表现出简约自然的北欧风格特点，还能在视觉上起到增大空间的效果。
灰色 + 米色厨房设计：
灰色是北欧风格装修的常用色，厨房选择灰色的橱柜与米色台面，简约中透着高级感，带给人特别的视觉感受。

整体效果图（二）

3. 书房书柜设计

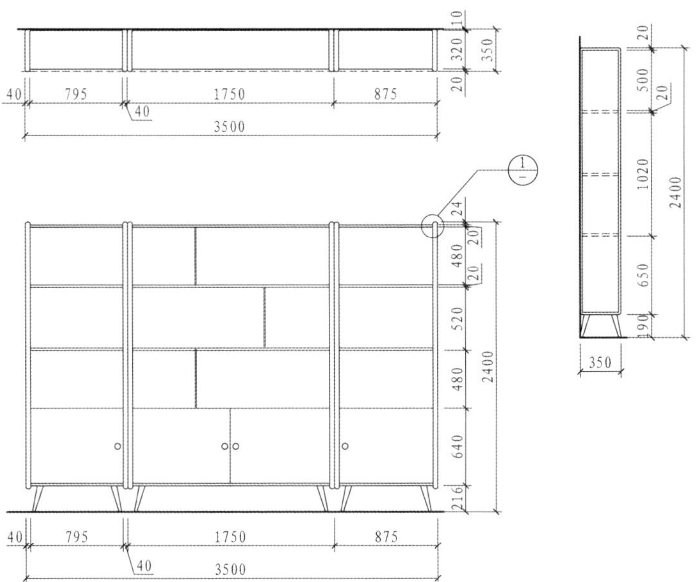

书房书柜三视图（单位：mm）

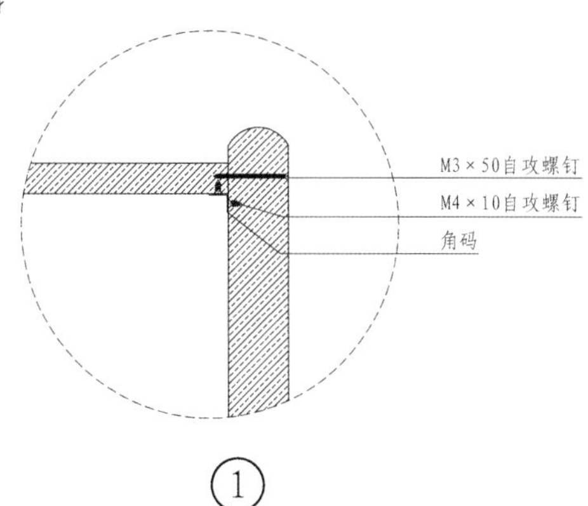

书房书柜构造详图

书房书柜效果图

由于书房位于入户门厅旁，书柜成为进入居室时的第一视觉中心，因此书柜不仅用来藏书，还充当了装饰柜的功能。在书柜上方的搁板上摆放一些品质高档的装饰物件，能很好地展示居室主人别具一格的品位。书柜下方的收藏柜，除了放置文具外，还可作为家居生活中的收纳柜，为居室增添更多的收纳空间。

4. 卧室衣柜设计

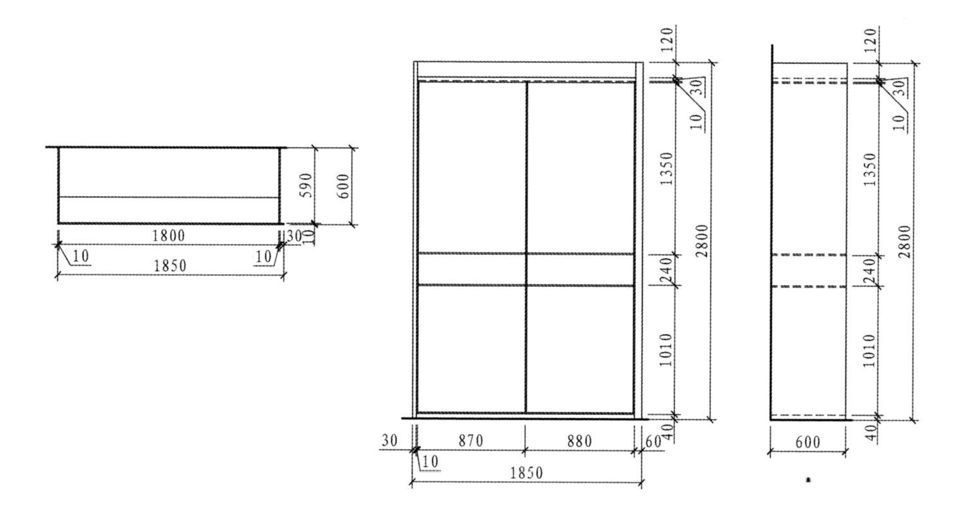

卧室衣柜三视图（单位：mm）

卧室衣柜效果图

卧室中的衣柜选用黄杨木制作，黄杨木具有木质细密，雅致而不俗气的特点，表达出北欧风格家具的精髓。北欧风格的家具摒弃烦琐的装饰，以简单实用为主，整个家具朴实无华、自然清新，彰显着自然蓬勃的生命力，不仅给人带来视觉上的美感，还比其他风格的家具更加易于维修、清理和保养。

5. 餐厅矮柜设计

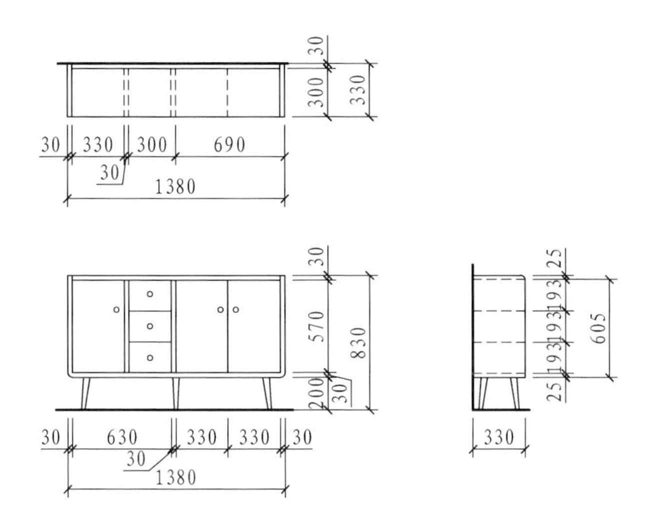

餐厅矮柜三视图（单位：mm）

餐厅矮柜效果图

北欧风格的家具多采用原木制作，保留其原始色彩与质感，展现出独特的装饰效果。餐厅的矮柜造型简单紧凑，没有使用任何的雕花与纹饰，采用未经精细加工的原木搭配深灰色的抽屉门，用简单的线条和色块作为区分和点缀，给人鲜明的视觉冲击。

3.2 极简风格

3.2.1 极简风格概念

极简主义是生活及艺术的一种风格，本意在于极力追求简约，拒绝违反这一风格的任何事物。当今社会，生活节奏紧凑，家居空间有限，太多拥挤、繁复的物品让人倍感压力。于是，摒弃一切无用的细节，保留生活最本真、最纯粹部分的极简主义逐渐成为家装的主基调。简练干净的线条、纯粹的色彩为极简主义空间的设计基础。极简主义风格的全屋定制居室更加沉稳、内敛、优雅。

极简主义并不是一味减少设计，单调乏味，而是合适就好，利用简单的东西设计出不一样的效果。极简主义主张“少即是多”，将设计元素简化至最少，这种“少”并不是越少越好，而是在家具定制设计中，将设计精雕细琢，高度提炼，是一种回归于简的“少”。

极简风格定制设计

极简风格的设计通常线条简单，除了橱柜轮廓为简单的直线直角外，沙发、床架、桌子的轮廓也是直线，不带太多曲线条，造型简单，蕴含设计或哲学意味，却不夸张。

3.2.2 极简风格案例解析一

1. 平面与顶面布置图

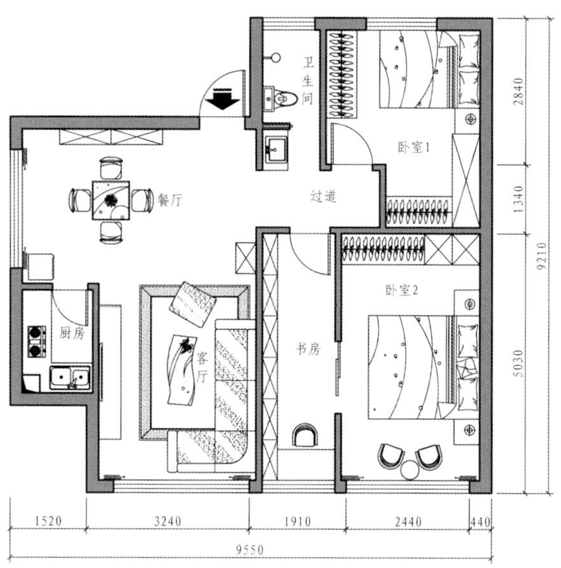

平面布置图（单位：mm）

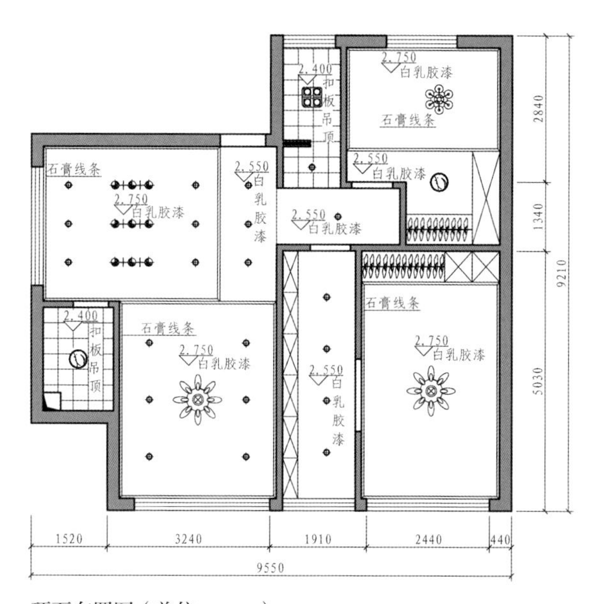

顶面布置图（单位：mm）

2. 软装与家具风格设计要素

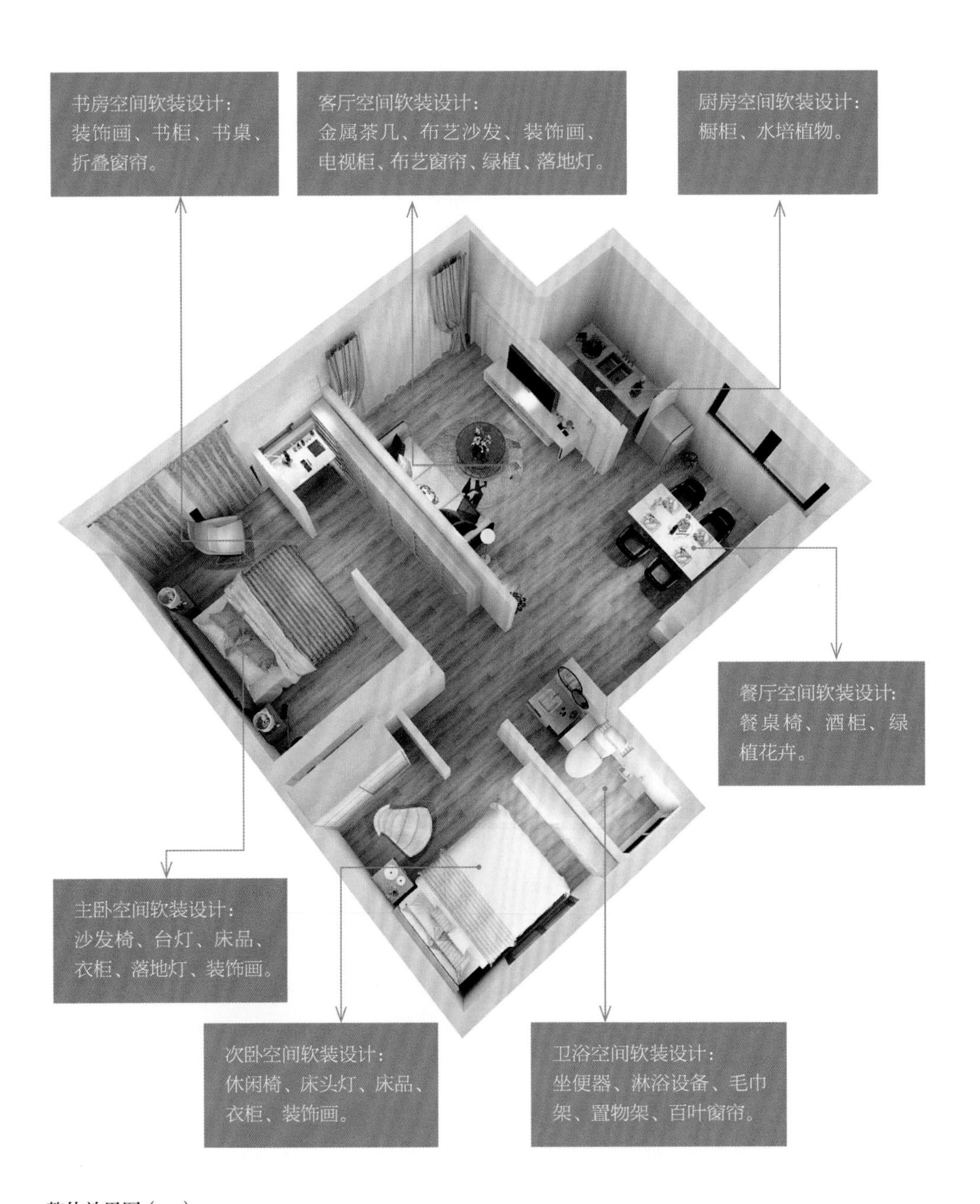

整体效果图（一）

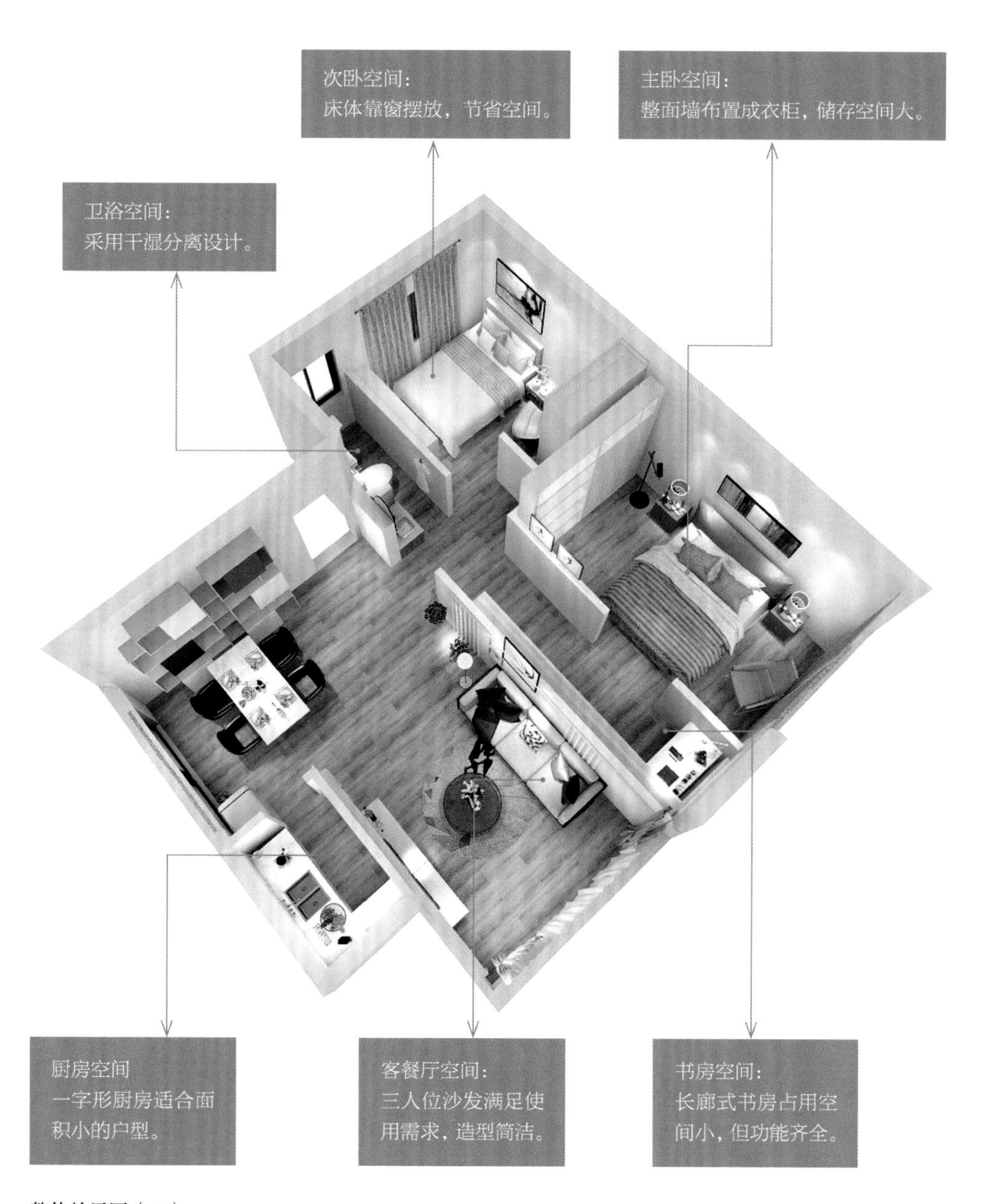
次卧空间：
床体靠窗摆放，节省空间。
主卧空间：
整面墙布置成衣柜，储存空间大。
卫浴空间：
采用干湿分离设计。
厨房空间
一字形厨房适合面
积小的户型。
客餐厅空间：
三人位沙发满足使
用需求，造型简洁。
书房空间：
长廊式书房占用空
间小，但功能齐全。

整体效果图（二）

3. 卧室衣柜设计

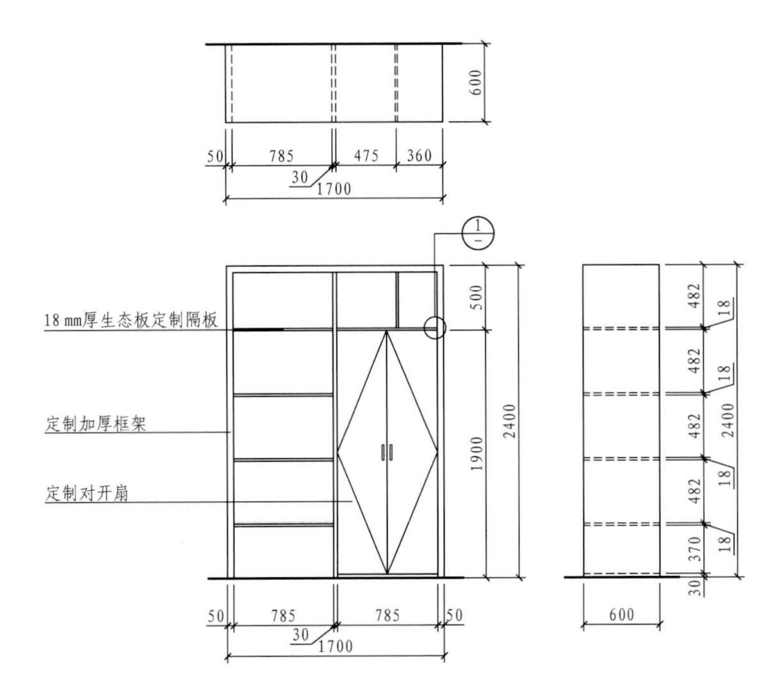

卧室衣柜三视图（单位：mm）

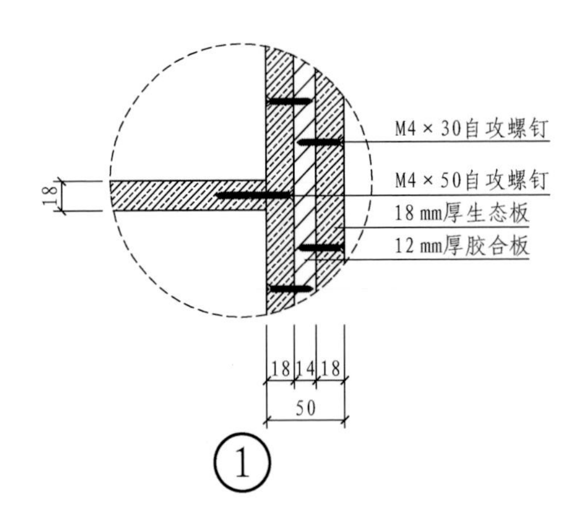

卧室衣柜构造详图（单位：mm）

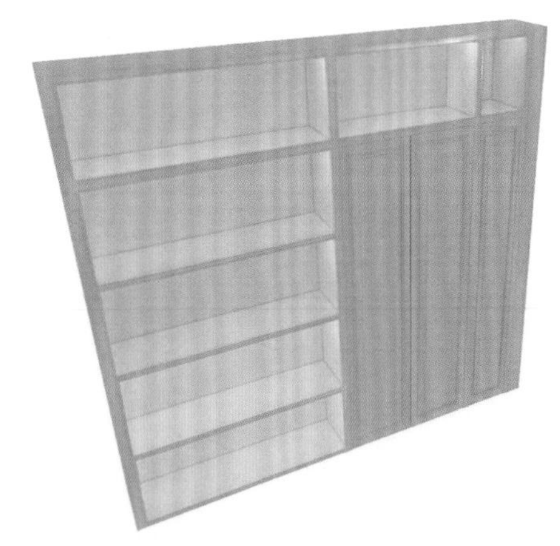

卧室衣柜效果图

白橡木材质的家具与简约风格十分搭配，家具表面拥有自然清晰的纹理，制作成的家具十分耐用。同时，橡木的木质纹理具有简约、细腻的装饰效果，独特又美观。优质的橡木家具是室内家具材质的首选。

4. 餐厅储物架设计

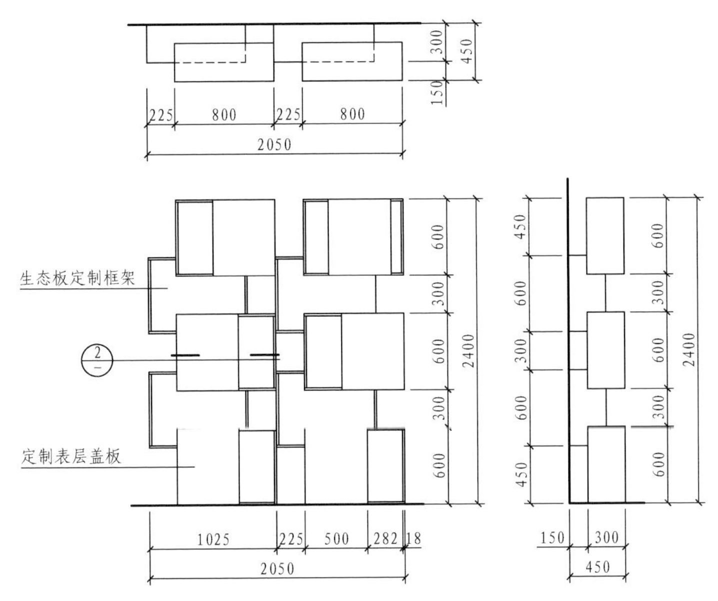

餐厅储物架三视图（单位：mm）

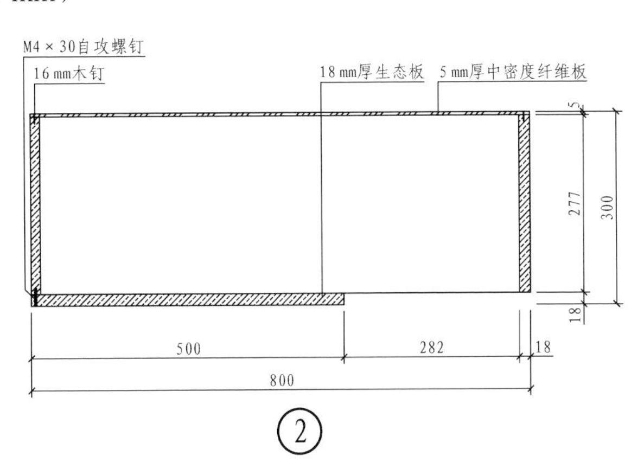

餐厅储物架构造详图（单位：mm）

餐厅储物架效果图

餐厅储物架在设计时采用了“简约不简单”的设计原理。储物架由多个长方形格子拼接而成，柜面采用黑白棕三种颜色，统一中又富有变化感。

5. 书房立柜设计

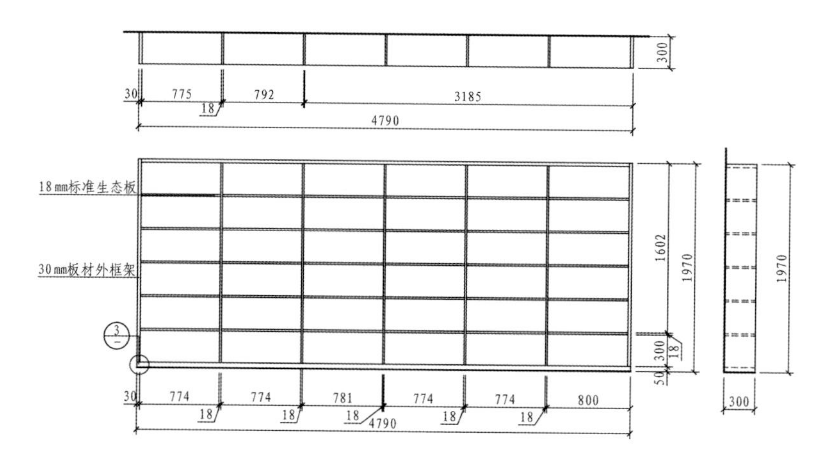

书房立柜三视图（单位：mm）

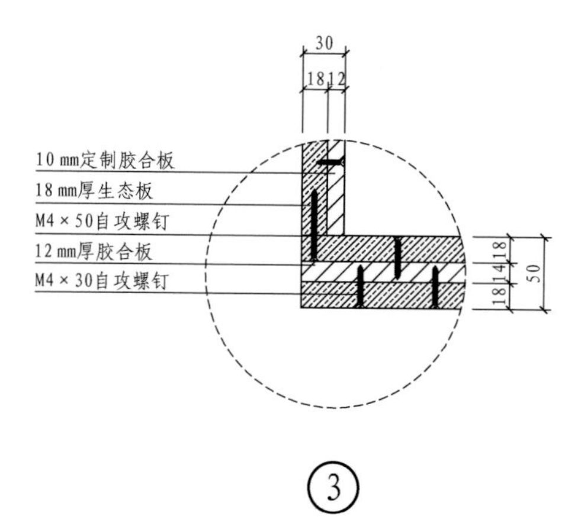

书房立柜构造详图（单位：mm）

如果展示品与书籍较多，为了充分发挥书柜的储藏作用，可直接将书房的一面墙设计为整体书柜，每一层的面积与尺寸相同，摆放大量书籍后仍井然有序，没有杂乱感。

3.2.3　极简风格案例解析二

1. 平面与顶面布置图

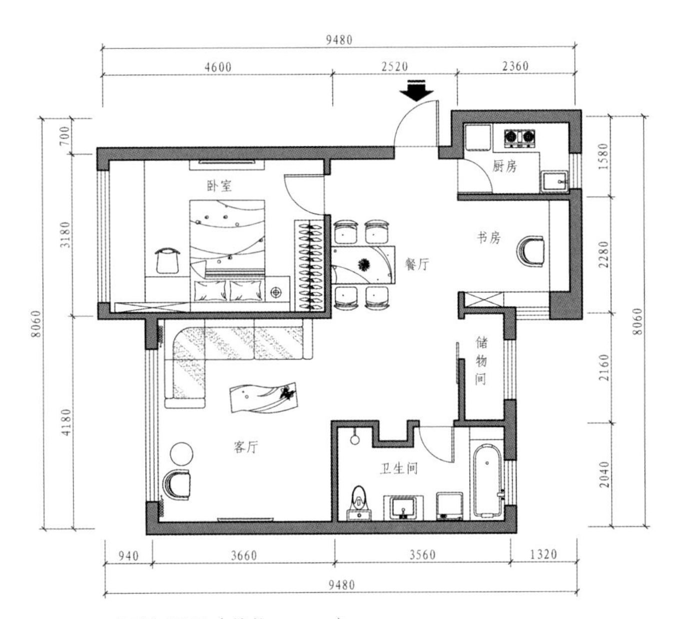

平面布置图（单位：mm）

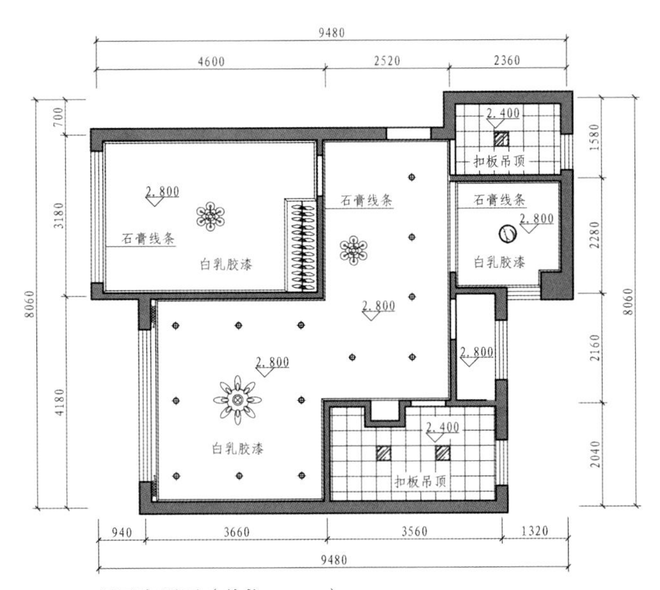

顶面布置图（单位：mm）

2. 软装与家具风格设计要素

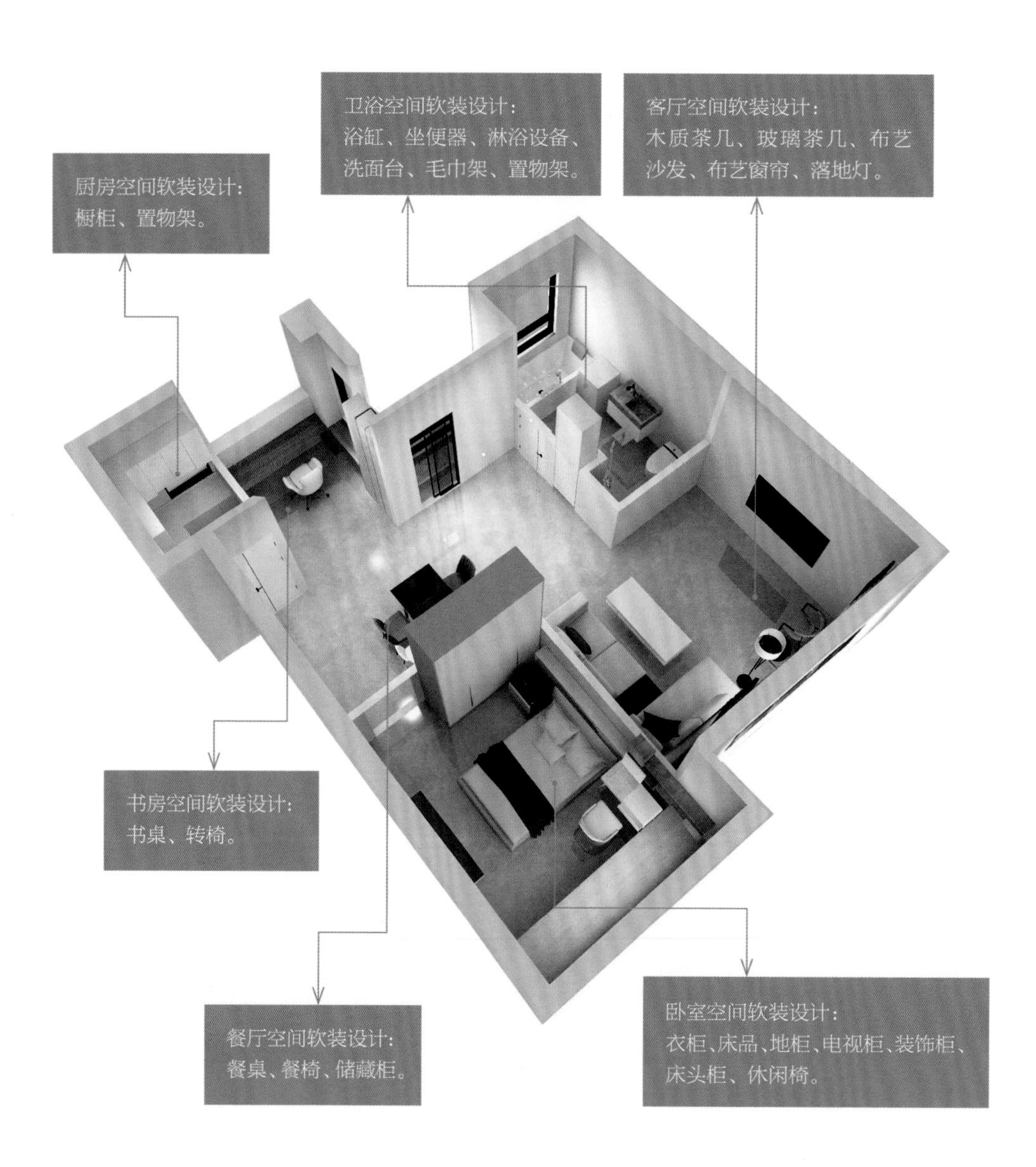

整体效果图（一）

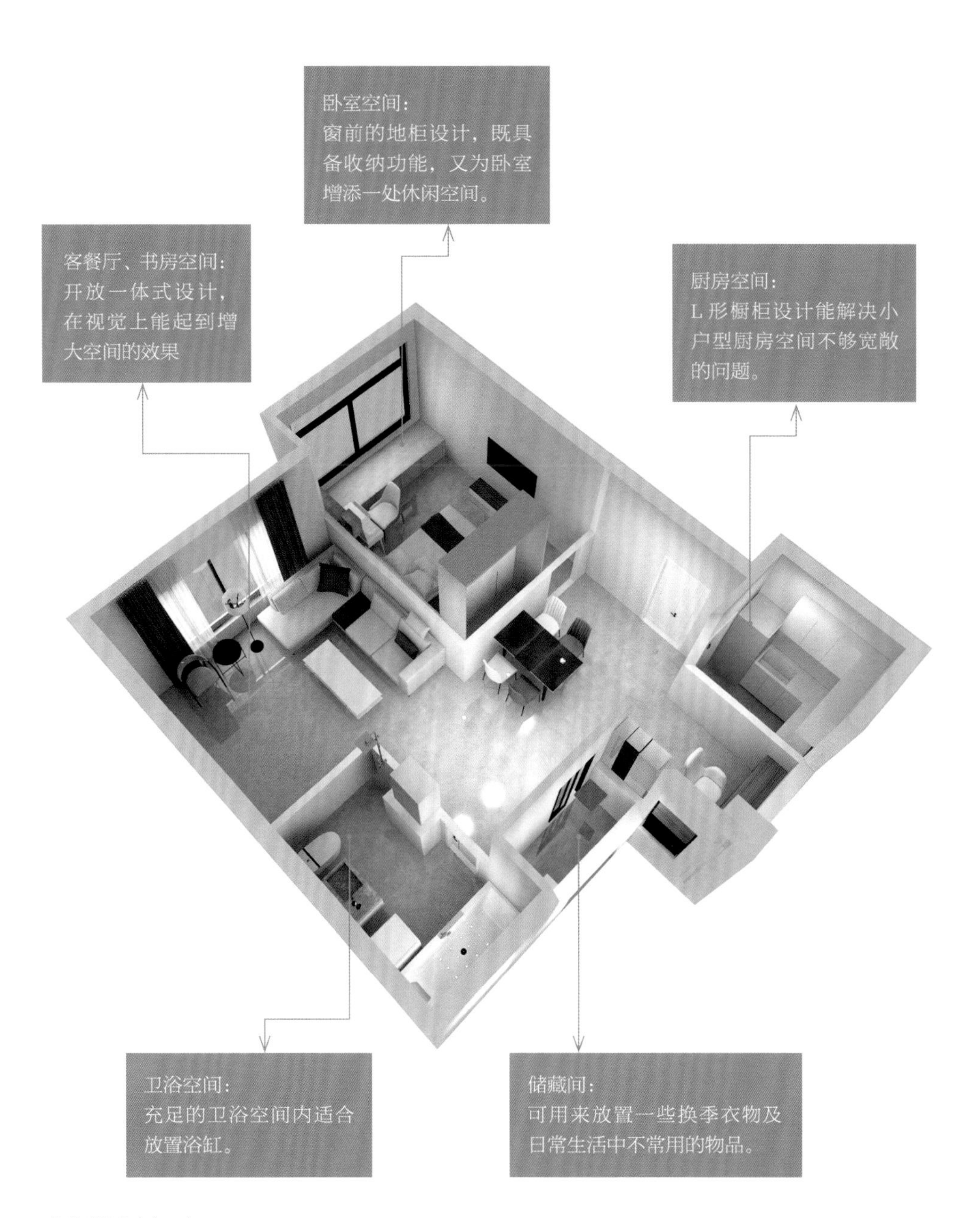
卧室空间：
窗前的地柜设计，既具备收纳功能，又为卧室增添一处休闲空间。
客餐厅、书房空间：
开放一体式设计，在视觉上能起到增大空间的效果
厨房空间：
L 形橱柜设计能解决小户型厨房空间不够宽敞的问题。
卫浴空间：
充足的卫浴空间内适合放置浴缸。
储藏间：
可用来放置一些换季衣物及日常生活中不常用的物品。

整体效果图（二）

3. 卧室装饰吊柜设计

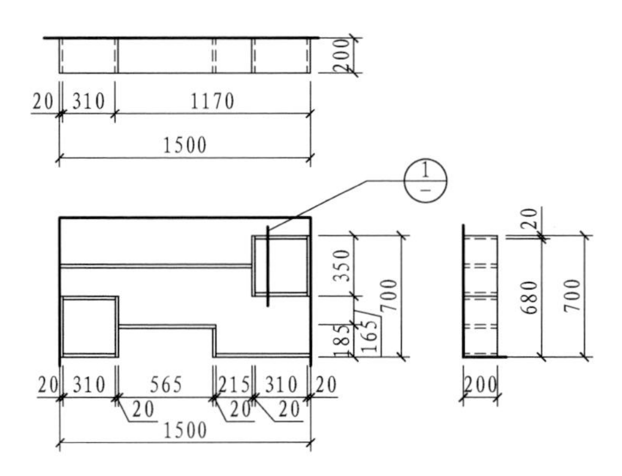

卧室装饰吊柜三视图（单位：mm）

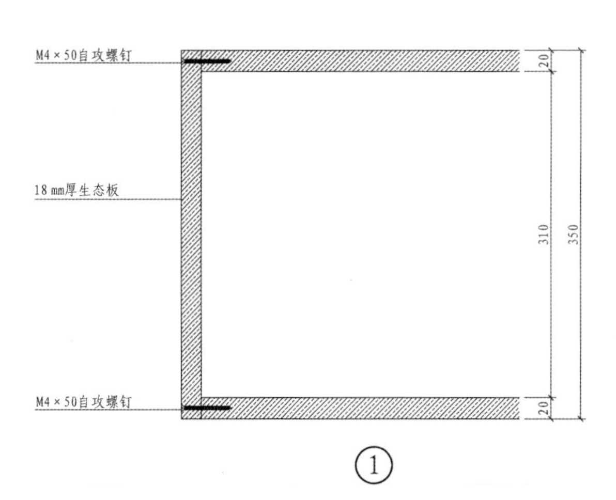

卧室装饰吊柜构造详图（单位：mm）

卧室装饰吊柜效果图

极简风格的家具设计，提倡非装饰的简单造型，多采用直线、方形或规则的几何形状，减去一切不必要的元素与细节，比例精确，整体呈现出简洁明快、干净利落的感觉。

4. 卧室衣柜设计

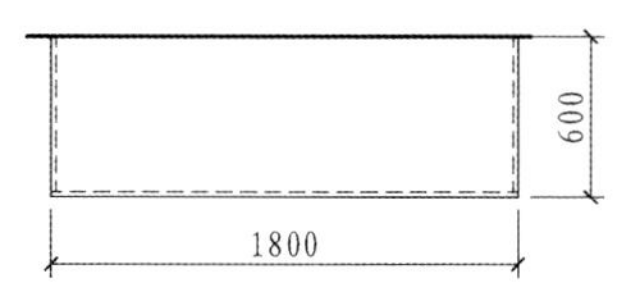

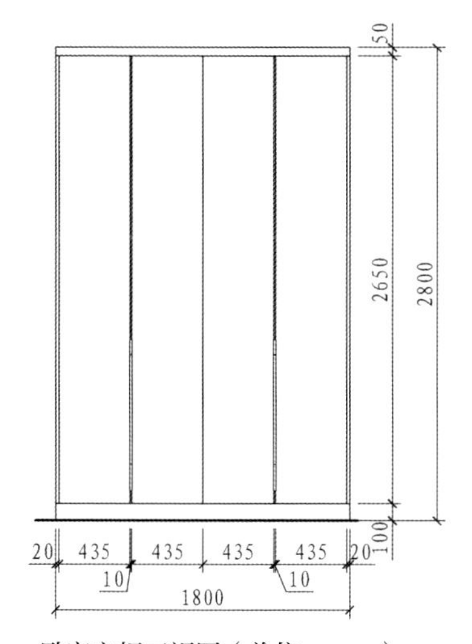

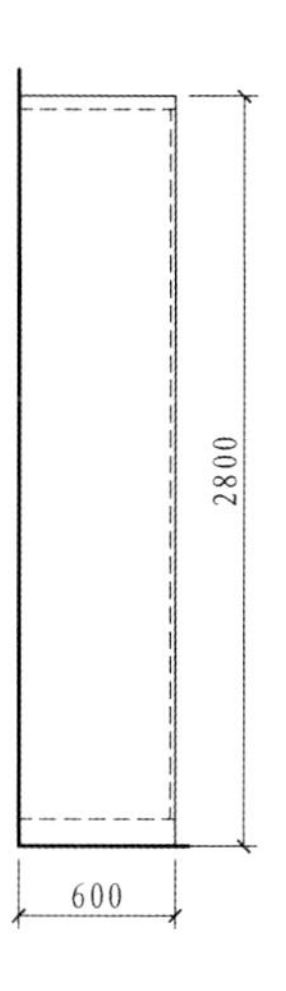

卧室衣柜三视图（单位：mm）

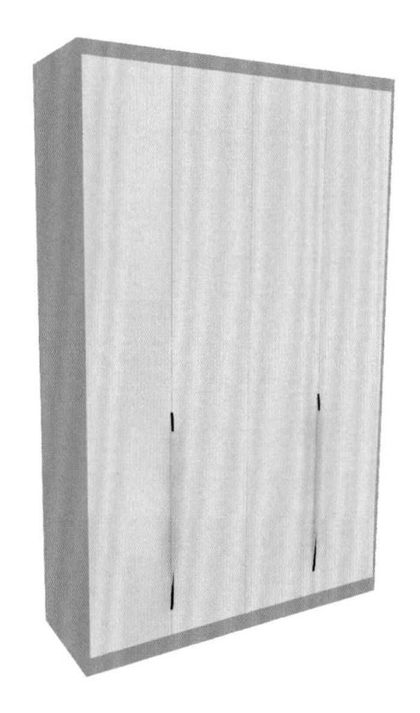

卧室衣柜效果图

卧室的衣柜是居室中唯一的衣柜，家中几乎所有的衣物都存放于此，因此需要尽可能扩充它的收纳空间。摒弃了任何多余装饰造型的衣柜，将衣柜的储物空间最大化，也契合了极简风格家具简洁明了的鲜明特点。

5. 餐厅储藏柜设计

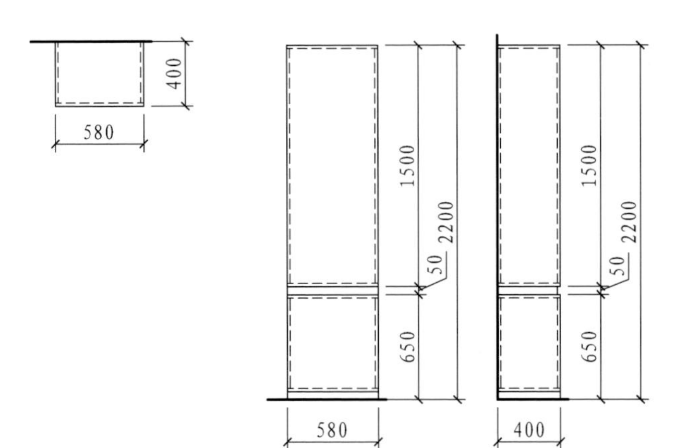

餐厅储藏柜三视图（单位：mm）

餐厅储藏柜效果图

极简风格家具强调以功能为设计中心和设计目的，家具的色彩通常比较单一，避免使用多种颜色混搭以及避免使用强烈对比的颜色，反对烦琐的花纹色彩搭配，在色彩上追求平和、舒缓、内敛之感。

3.3 后现代风格

3.3.1 后现代风格概念

后现代风格备受年轻人的青睐，在装修设计里加入很多个性元素，可以灵活地表达户主的喜好与个性，是一款比较适合年轻人的装饰风格。后现代风格更具人性化和自由化，强调以人为本的设计原则，注重展现个性与表达自我。

后现代风格舍弃了现代风格中一成不变的设计元素，取而代之的是浪漫、个人主义，在推崇自然、高雅的生活情趣中，更加强调人的主导地位，突出设计的文化内涵。其特点是张扬个性，简约不简单。因此，后现代风格的全屋定制会给人一种独特的感受，得到与众不同的美感，适合时尚潮流、外向自由、无拘无束的人群。

后现代风格定制设计

后现代主义风格采用非传统的混合、叠加等手段，营造出复杂、多元的客厅氛围，替代了现代风格统一明确的特性。在家具设计上，后现代风格讲究多元化，整体空间韵味十足。

3.3.2 后现代风格案例解析一

这是一套内部面积约 76 m^2 的户型，包含客餐厅、厨房、书房、卧室各一间，卫生间两间，过道、阳台各一处。这套中户型客厅采光还算充足，但拐角较多。业主对全屋定制的设计要求是能利用拐角增加更多的储物空间，并提高使用区域的空间利用率。

1. 平面与顶面布置图

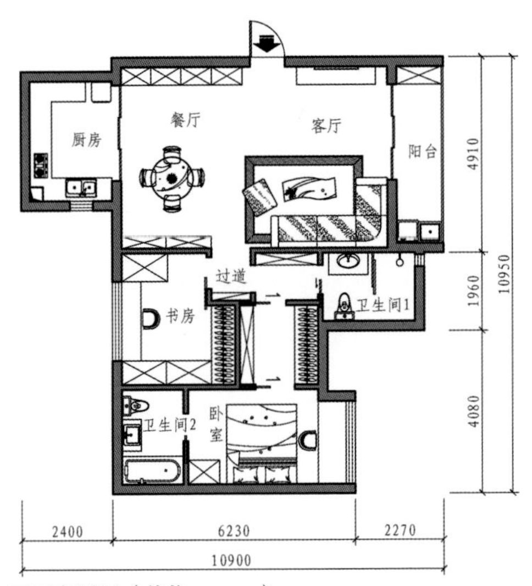

平面布置图（单位：mm）

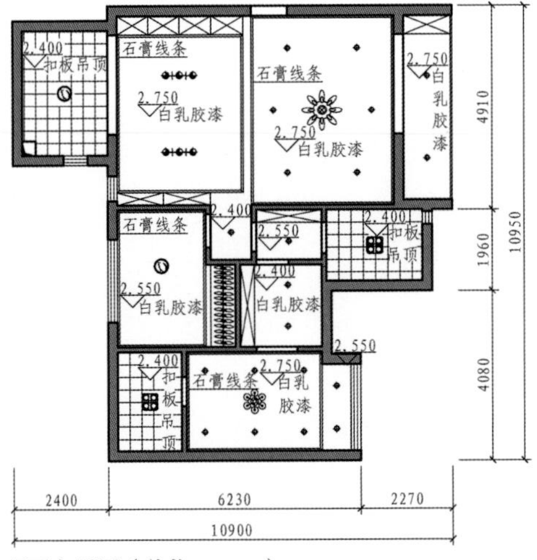

顶面布置图（单位：mm）

2. 软装与家具风格设计要素

整体效果图（一）

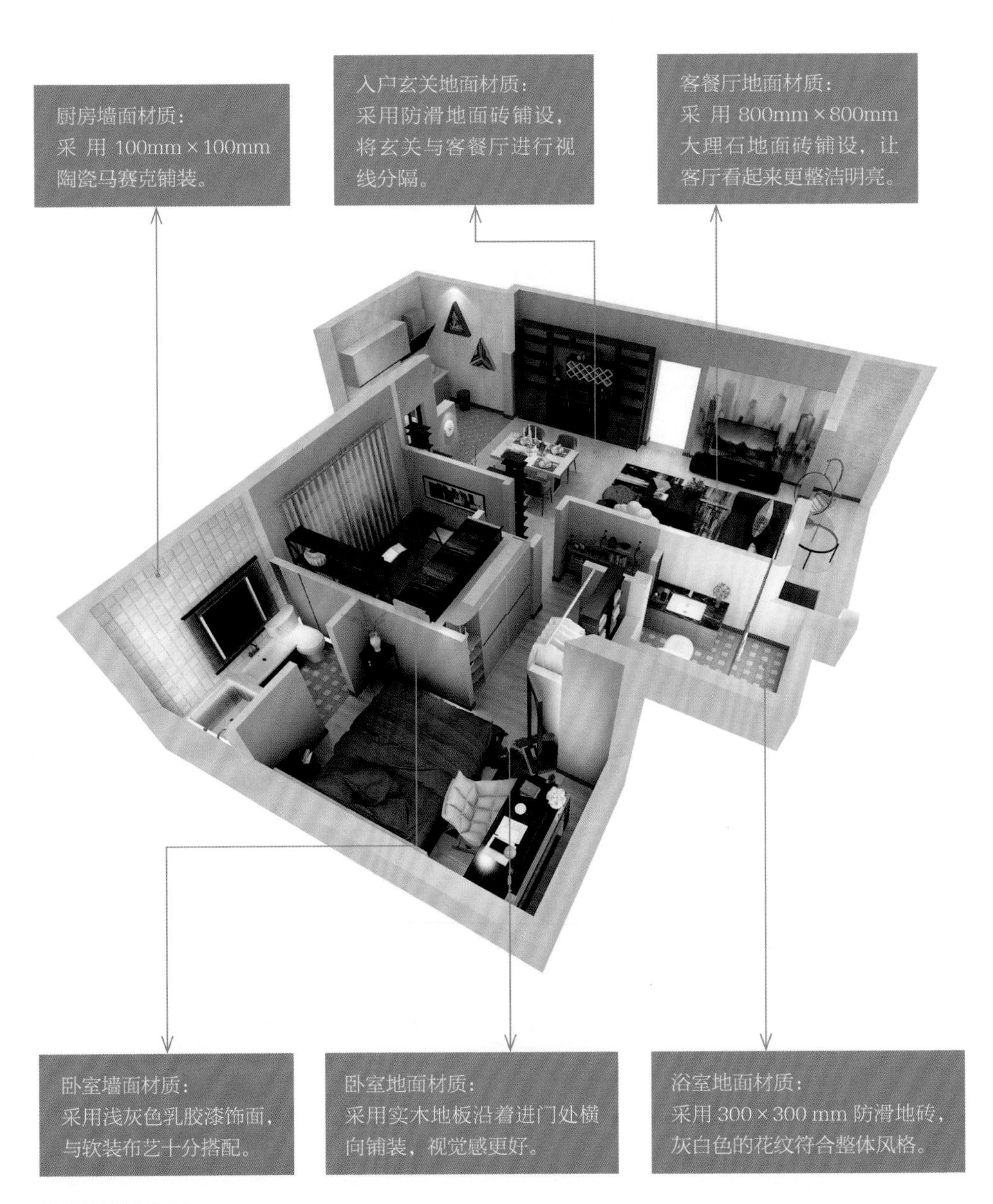
厨房墙面材质：
采 用 100mm×100mm
陶瓷马赛克铺装。
入户玄关地面材质：
采用防滑地面砖铺设，
将玄关与客餐厅进行视
线分隔。
客餐厅地面材质：
采 用 800mm×800mm
大理石地面砖铺设，让
客厅看起来更整洁明亮。
卧室墙面材质：
采用浅灰色乳胶漆饰面，
与软装布艺十分搭配。
卧室地面材质：
采用实木地板沿着进门处横
向铺装，视觉感更好。
浴室地面材质：
采用 300×300 mm 防滑地砖，
灰白色的花纹符合整体风格。

整体效果图（二）

3. 餐厅展示柜设计

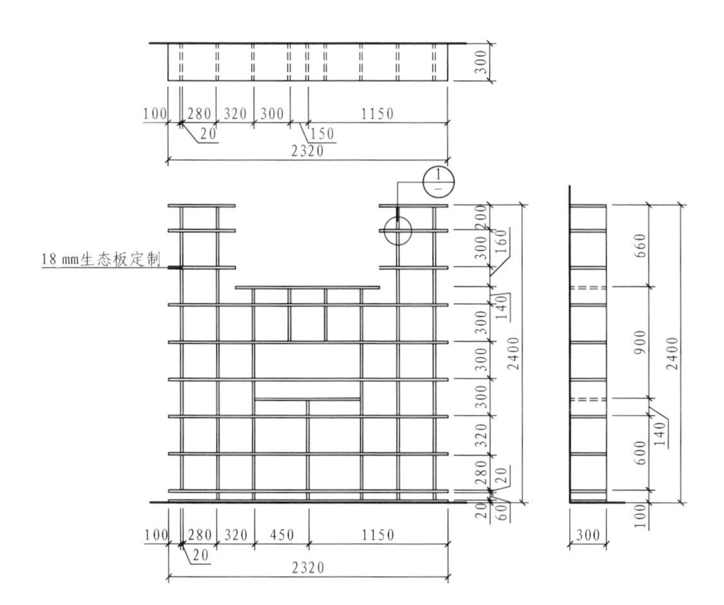

餐厅展示柜三视图（单位：mm）

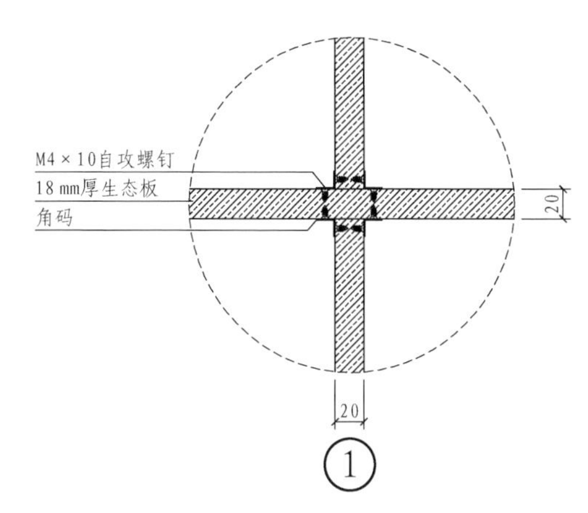

餐厅展示柜构造详图 （单位：mm）

餐厅展示柜效果图

餐厅的展示柜采用了框架设计，由竖板与横板连接而成，拼接处采用自攻螺钉固定，板材上下衔接紧密。展示柜的造型从两端向中间下凹，从中间向左右看，呈现出上升的动向。

4. 餐厅酒柜设计

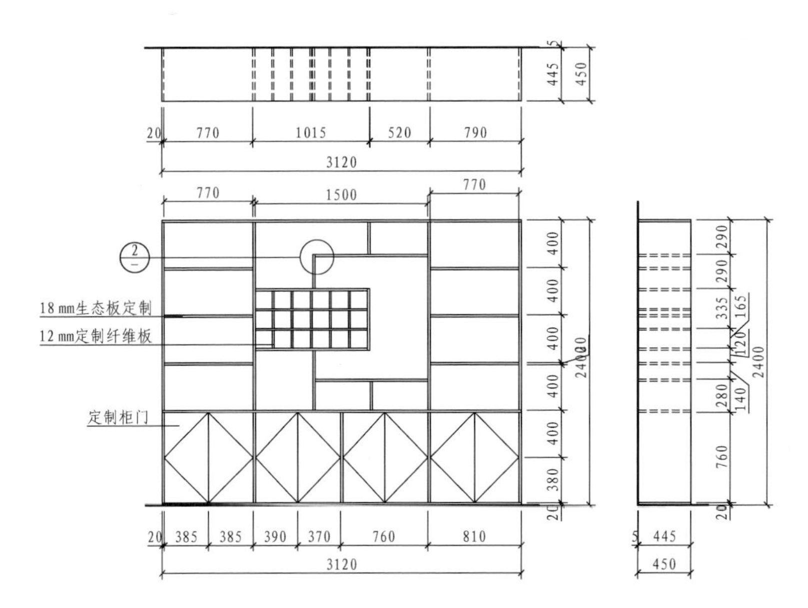

餐厅酒柜三视图（单位：mm）

木质酒柜具有良好的视觉感，格子酒架在酒柜中应用较广泛，具有强大的存储功能与展示功能，尺寸一般为 80 mm × 80 mm 的方形格子，呈 45° 角倾斜放置，收纳效果更好。

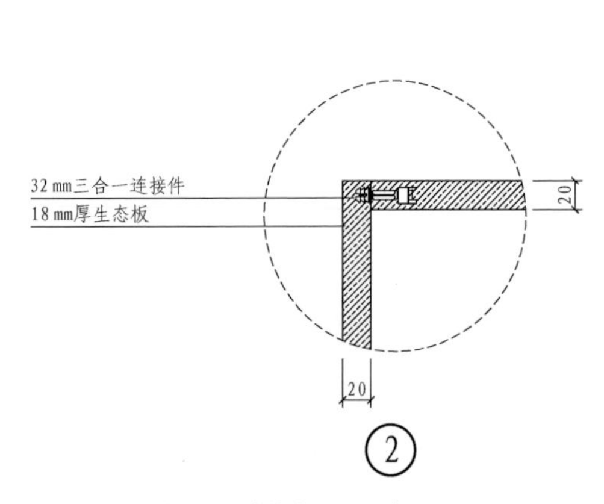

餐厅酒柜构造详图 （单位：mm）

餐厅酒柜效果图

酒柜在设计时采用上部展示、下部收纳的形式。展示区的物品可以按系列更换，换下来的展品又可以收纳到下方的储物柜中，十分方便。同时，这种设计的视觉感更稳固。

5. 衣帽间格架设计

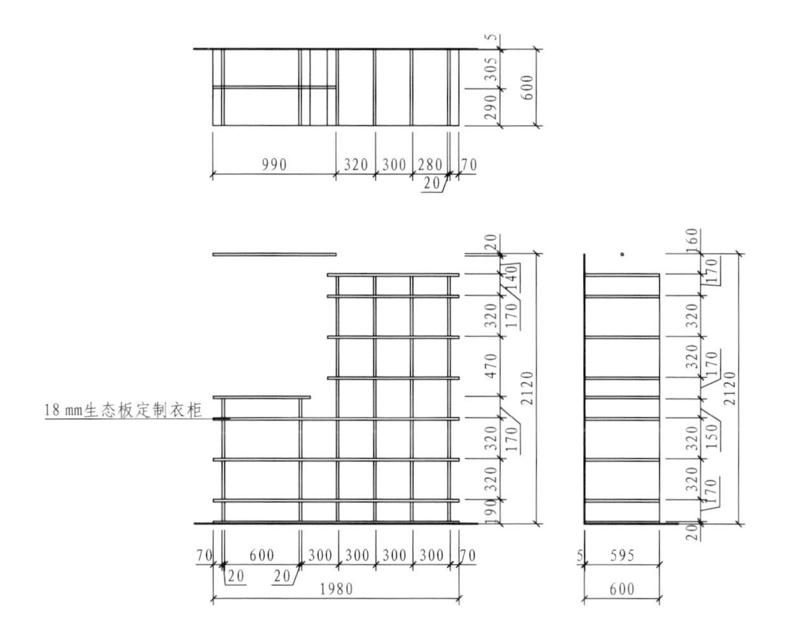

衣帽间格架三视图（单位：mm）

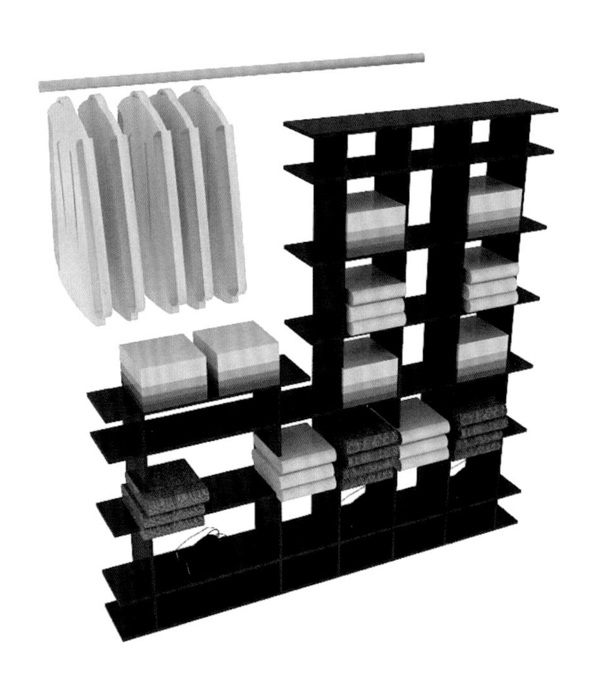

衣帽间格架效果图

衣柜摒弃了传统的构造形式，采用完全敞开式的设计，只用简单的搁板进行组合拼接。挂衣区设计更是简单，直接在两面墙中间设计一根吊杆，就成了挂衣区。高低错落的衣柜，呈现出不对称的布局形式。这些设计都符合后现代设计中不羁与自由的理念，没有拘束感。

6. 书房书柜设计

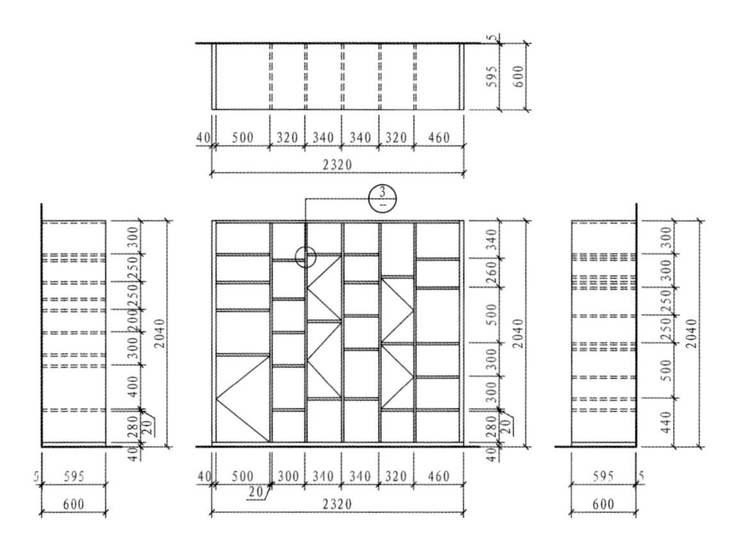

书房书柜三视图（单位：mm）

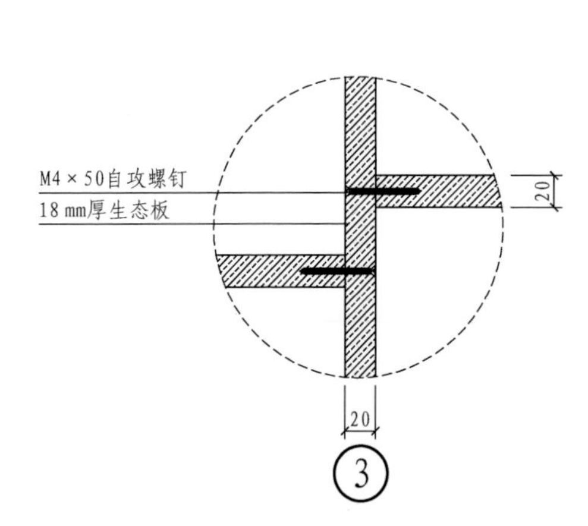

书房书柜构造详图（单位：mm）

书房书柜效果图

书房需要储存大量的书籍与学习文件。设计师直接将书柜划分为小格子，各种尺寸的文件、书籍都能整齐放置。另外设计了 5 个带柜门的柜子，可以用来存储重要文件。

3.3.3 后现代风格案例解析二

1. 平面与顶面布置图

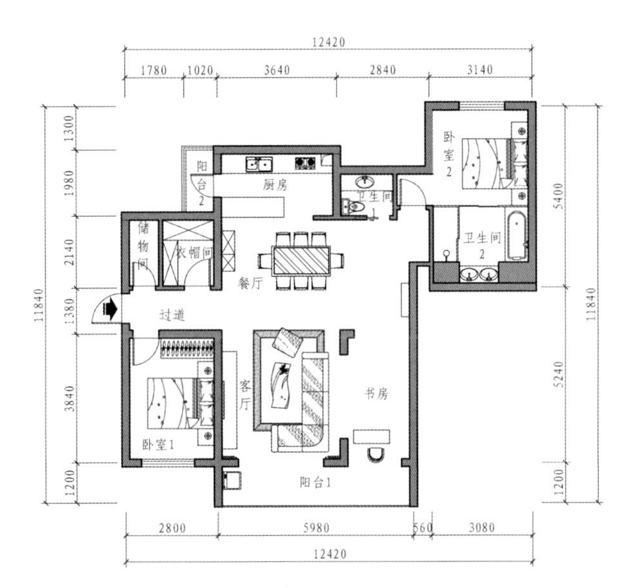

平面布置图（单位：mm）

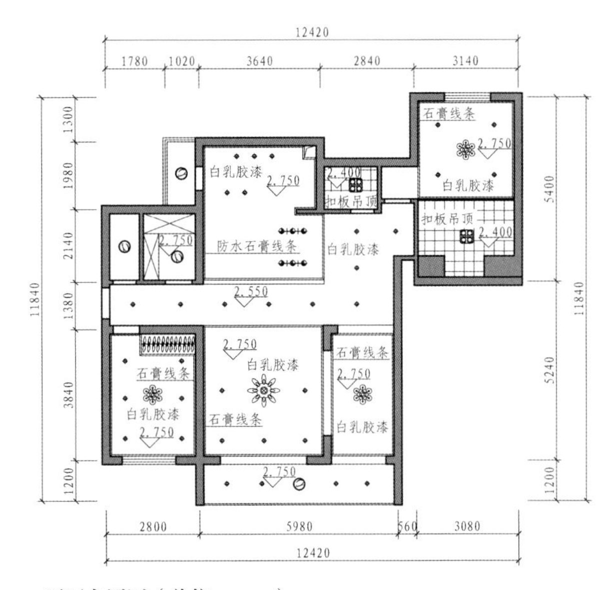

顶面布置图（单位：mm）

2. 软装与家具风格设计要素

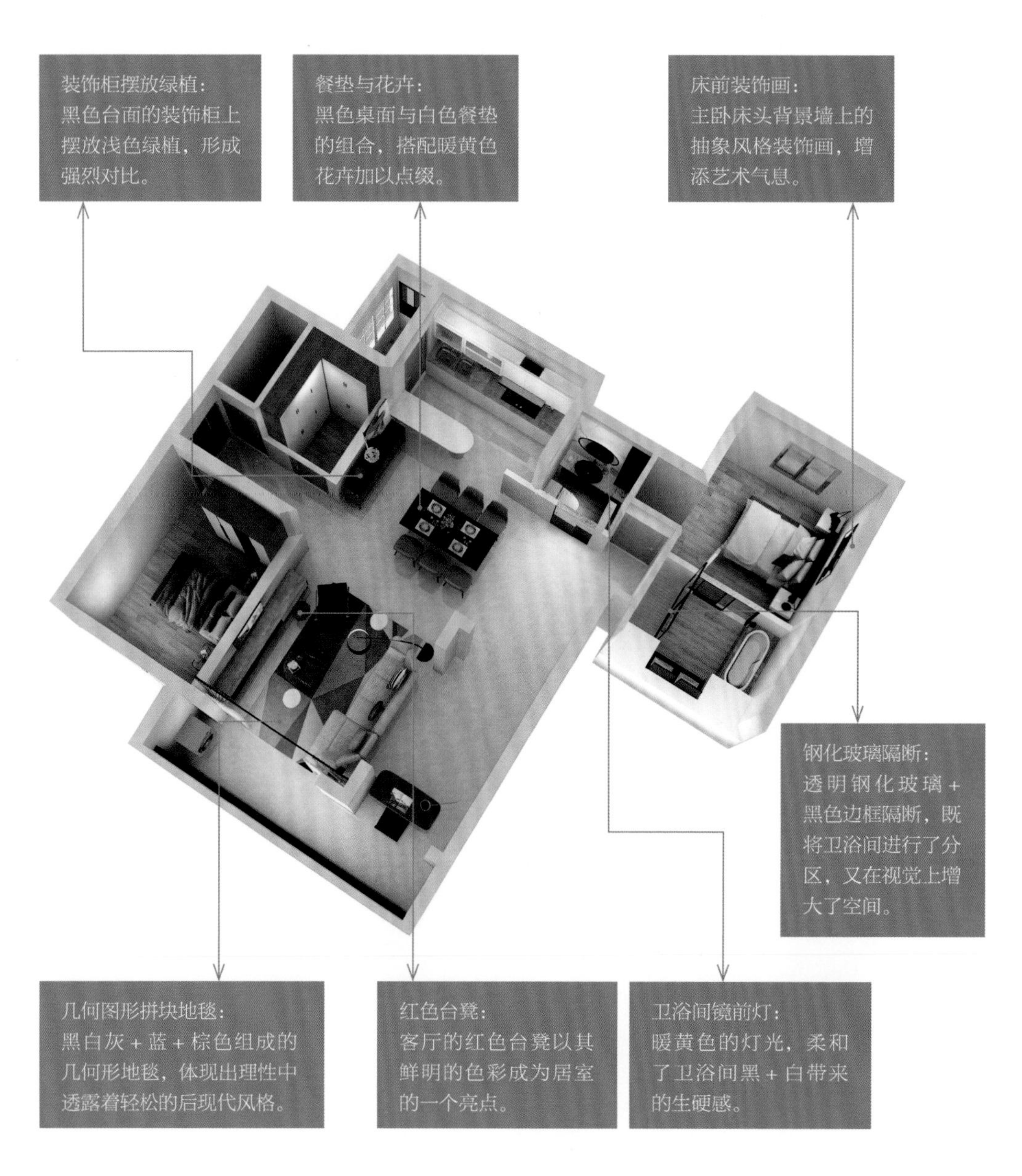

整体效果图（一）

卧室墙面材质：
采用淡雅浅灰色乳胶漆涂饰，营造静谧典雅的卧室氛围。
卫浴间墙面材质：
防水剂涂刷、800mm×800mm墙面砖铺设，确保卫浴间的防水功能。
客餐厅地面材质：
采用800mm×800m浅灰色花纹大理石地面砖铺设，大理石光洁的质感让客厅大气明亮。
卧室地面材质：
采用浅色实木地板铺设。实木地板具有冬暖夏凉、脚感舒适的特点，是卧室地面的首选材料。

整体效果图（二）

3. 卧室衣柜设计

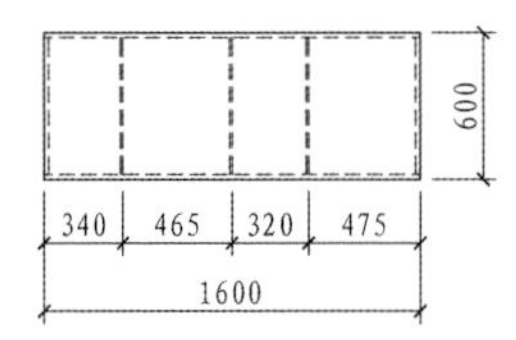

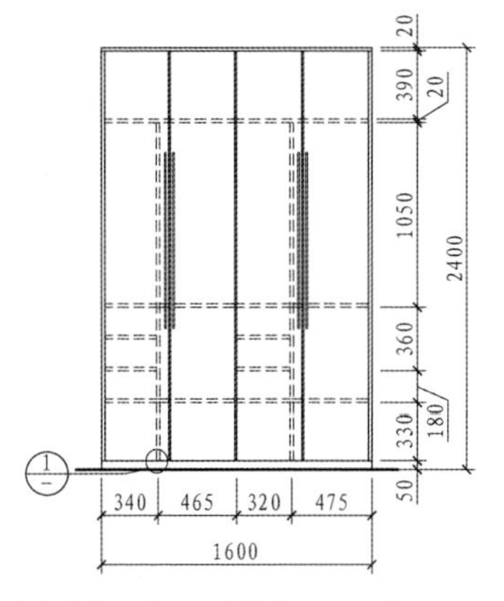

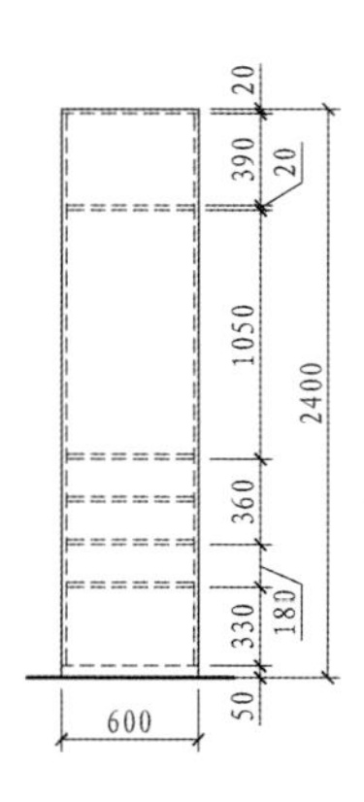

卧室衣柜三视图（单位：mm）

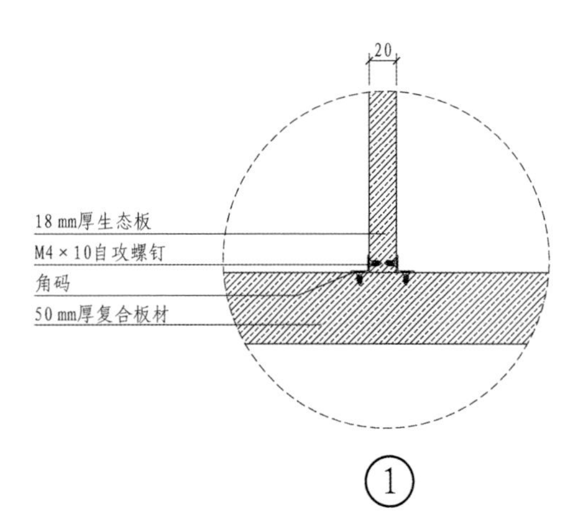

卧室衣柜构造详图 （单位：mm）

卧室衣柜效果图

后现代风格的家具讲究线条的遒劲，注重节奏感，一般不会使用任何多余的装饰。卧室衣柜的造型简洁，纯色设计显得干净利落。柜门采用实木与半透明玻璃相结合的方式，将使用功能与观赏性完美地融为一体，展现出后现代风格家具的时尚与潮流。

4. 主卫浴间洗面台设计

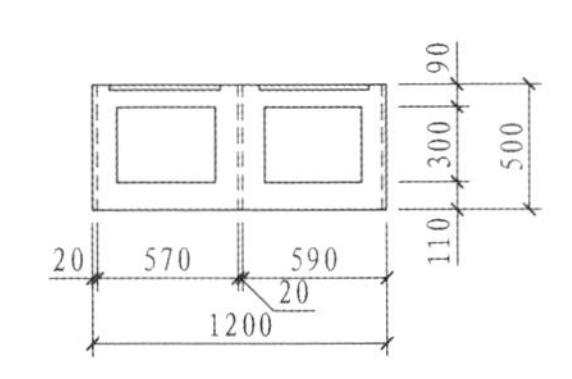

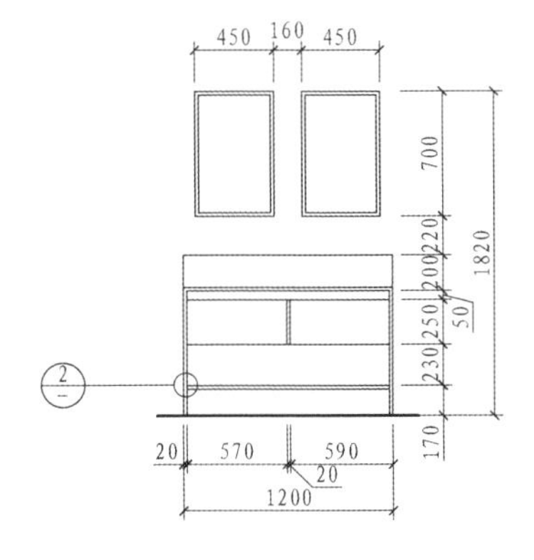

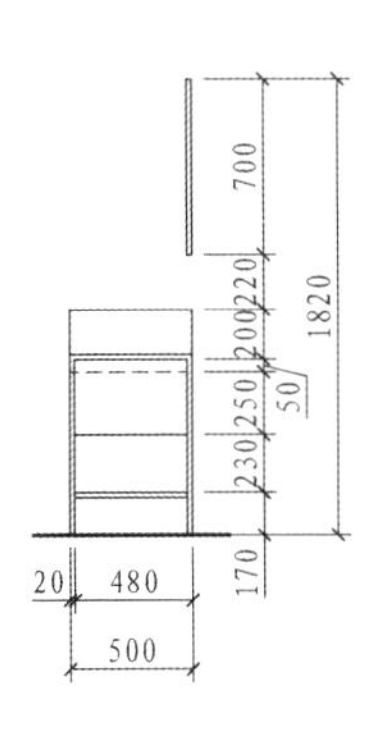

主卫浴间洗面台三视图（单位：mm）

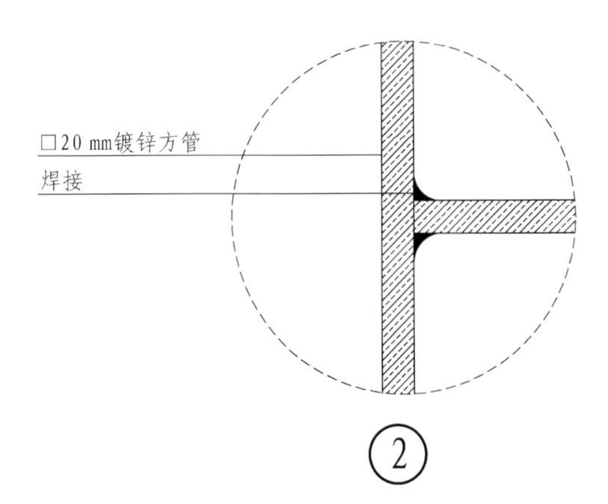

主卫浴间洗面台构造详图（单位：mm）

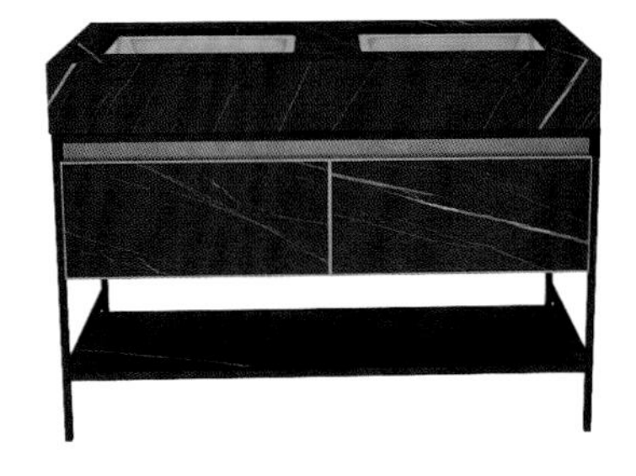

主卫浴间洗面台效果图

主卫浴间是家居生活中一些私人物品的主要存放地，因此需要设置足够多的收纳空间。洗面台下设计抽屉与搁板，抽屉可用来存放化妆品、美容美发小工具、纸巾等用品，搁板上可放置拖鞋、洁厕液、大容量的沐浴露等。将常用的生活物品分类收纳，可使居室空间整洁有序。

5. 衣帽间衣柜设计

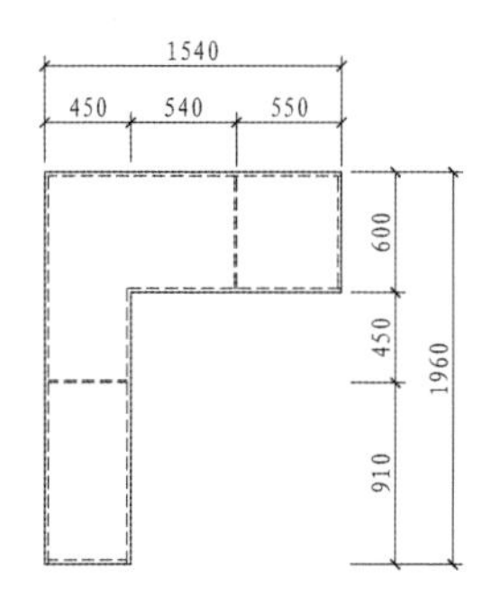

一般衣物在挂置时，宽度大约在 60 cm 以内。因此在设计衣柜时，将衣柜的深度设计为 60 cm，才能满足衣物挂置时所需的空间尺寸。

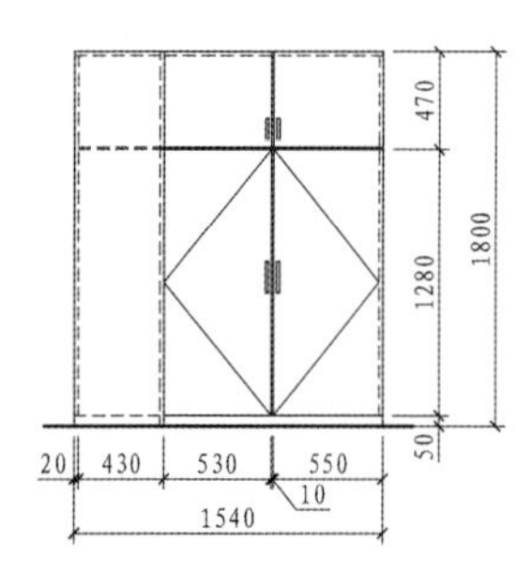

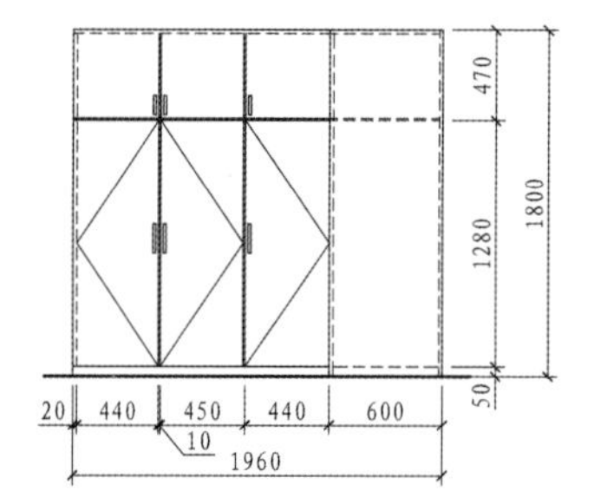

衣帽间衣柜三视图（单位：mm）

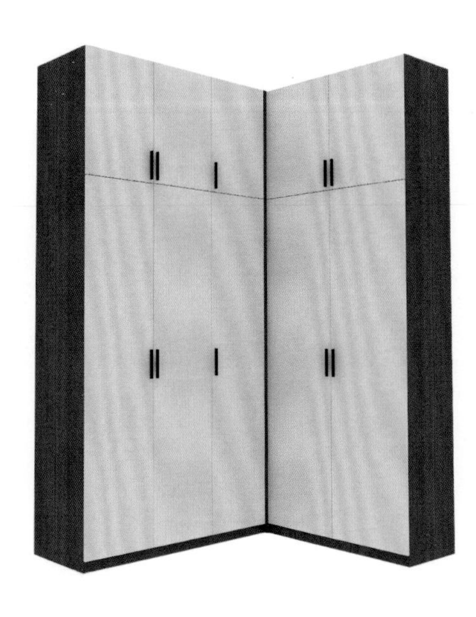

衣帽间衣柜效果图

出于颜值高，且取消柜门后存储空间更大的考虑，越来越多的人选择在衣帽间设置开放式衣柜。但是，开放式衣柜很容易积灰，本来洗得干干净净的衣物，下次拿出来时又像脏衣服一样，很让人头疼。所以，衣帽间中带柜门的衣柜依旧是最实用的选择。

3.4 新中式风格

3.4.1 新中式风格概念

新中式风格是指将中国古典建筑元素融合到现代人的生活环境中的一种装饰风格。新中式风格让传统元素更简练、大气、时尚，让现代装饰更具有中国文化韵味。在设计上，通常采用现代的手法诠释中式风格，形式比较活泼，用色大胆，结构也不讲究中式风格的对称，家具可用除红木以外的更多选择来混搭，字画也可以选择抽象的装饰画。新中式风格的装饰表达出对清雅含蓄、端庄丰华的东方式精神境界的追求。

新中式风格的全屋定制主要体现在传统家具（多以明清家具为主）、装饰品及以黑红两色为主的装饰色彩上。室内多采用对称式的布局方式，格调高雅，造型简朴优美，色彩浓重而成熟。中国传统室内陈设包括字画、匾幅、挂屏、盆景、瓷器、古玩、屏风、博古架等，追求一种修身养性的生活境界。中国传统室内装饰艺术的特点是总体布局对称均衡、端正稳健，而在装饰细节上崇尚自然情趣，花鸟、鱼虫等精雕细琢，富于变化，充分体现出中国传统美学精神。

新中式风格定制设计

中式的书法画、瓷器装饰、花束、花鸟抱枕，以及具有中国风的家具形式，无不展示出现代材质与传统样式之间的完美结合。

3.4.2 新中式风格案例解析一

1. 平面与顶面布置图

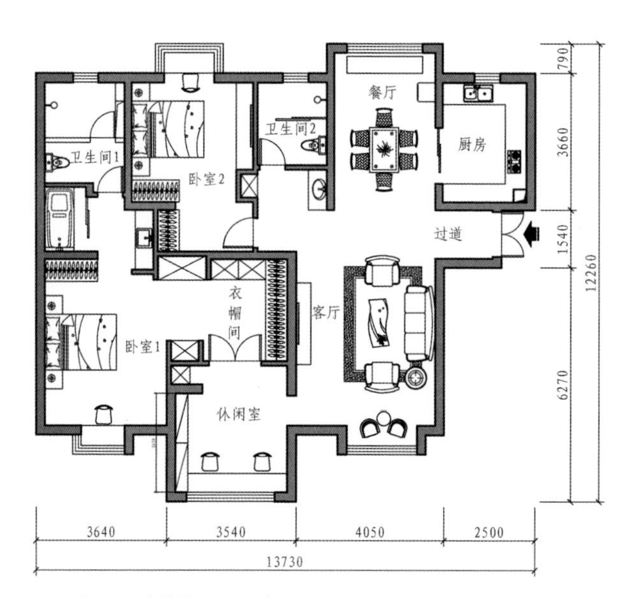

平面布置图（单位：mm）

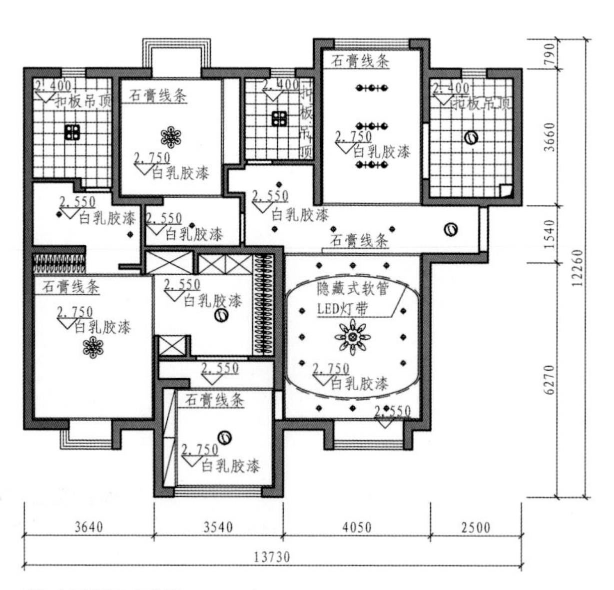

顶面布置图（单位：mm）

2. 软装与家具风格设计要素

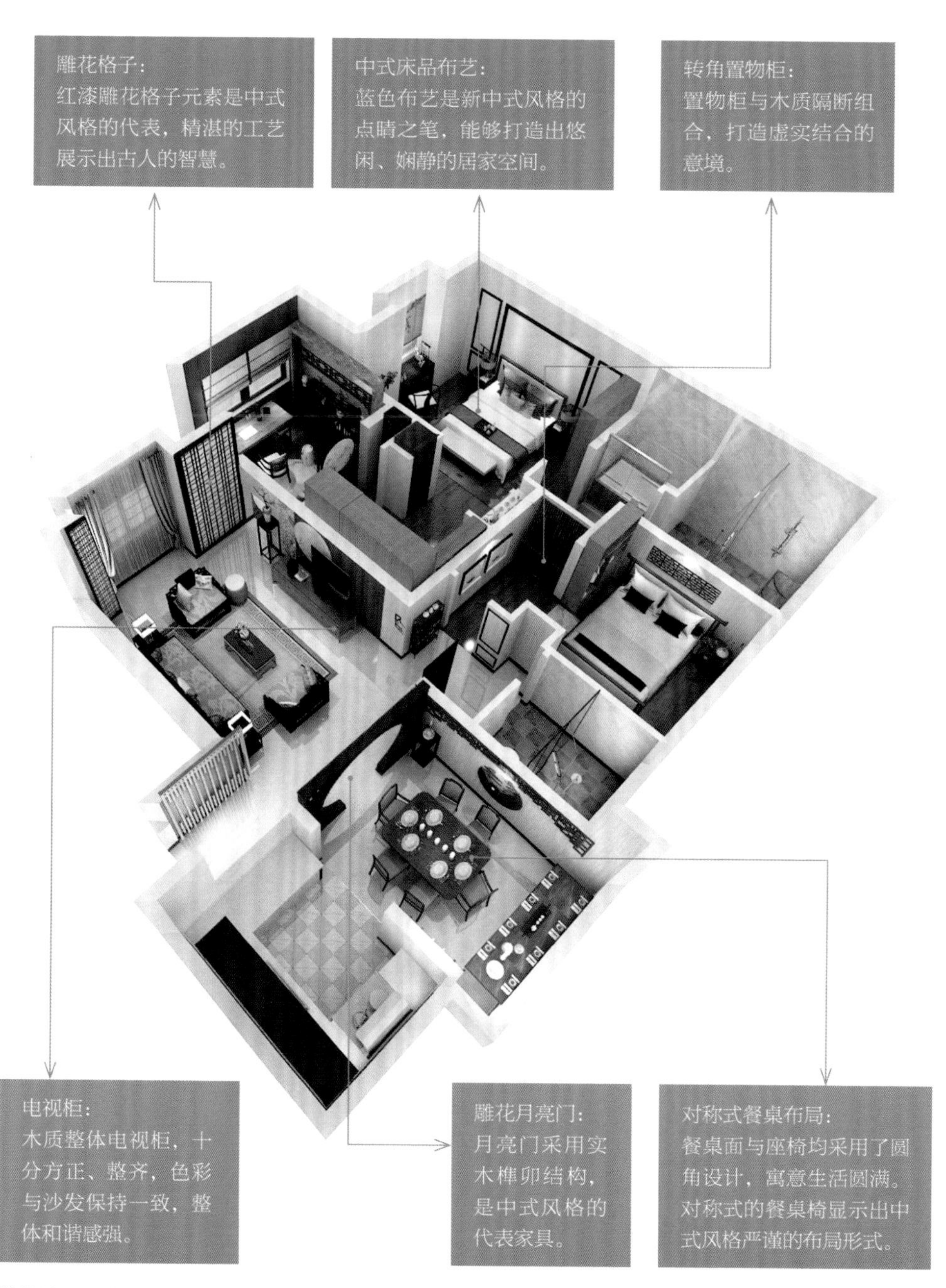

整体效果图（一）

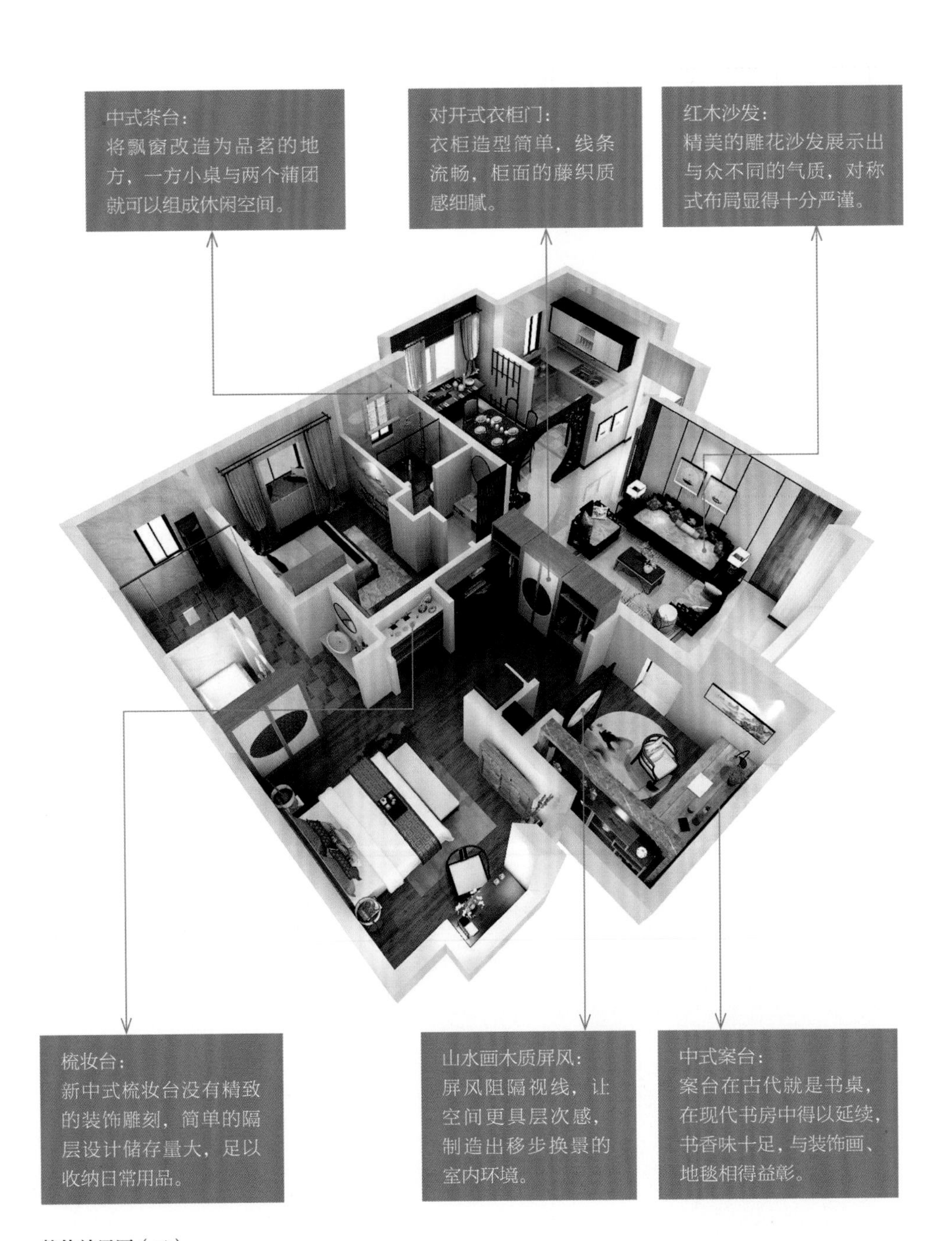
中式茶台：
将飘窗改造为品茗的地方，一方小桌与两个蒲团就可以组成休闲空间。
对开式衣柜门：
衣柜造型简单，线条流畅，柜面的藤织质感细腻。
红木沙发：
精美的雕花沙发展示出与众不同的气质，对称式布局显得十分严谨。
梳妆台：
新中式梳妆台没有精致的装饰雕刻，简单的隔层设计储存量大，足以收纳日常用品。
山水画木质屏风：
屏风阻隔视线，让空间更具层次感，制造出移步换景的室内环境。
中式案台：
案台在古代就是书桌，在现代书房中得以延续，书香味十足，与装饰画、地毯相得益彰。

整体效果图（二）

3. 衣帽间衣柜设计

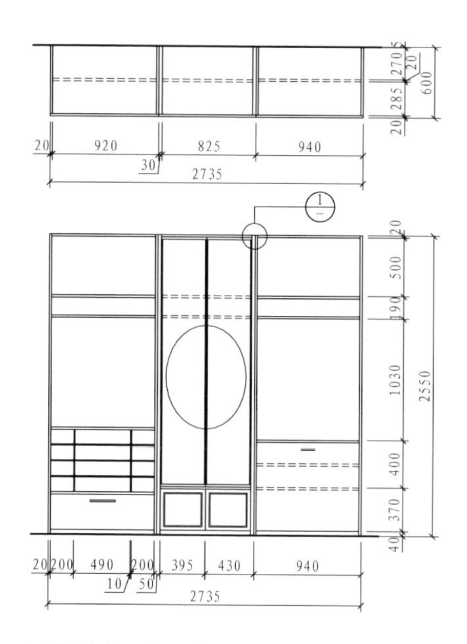

衣帽间衣柜三视图（单位：mm）

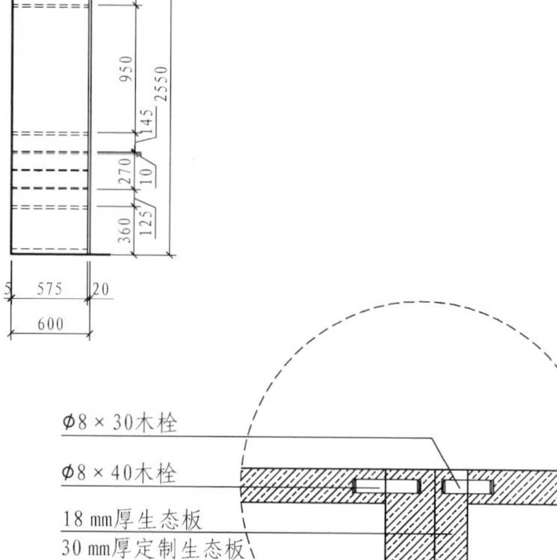

衣帽间衣柜构造详图（单位：mm）

衣帽间衣柜效果图

主卧衣柜造型禅意十足，棉麻编织与木质雕刻组合的衣柜门具有创意。衣柜内部构造划分清晰，下部为叠放区与格架区，中部为挂衣区，上部为大件储藏区，遵循人性化设计，常用区域设计在中下部，不常用区域设计在上部。

4. 卧室衣柜设计

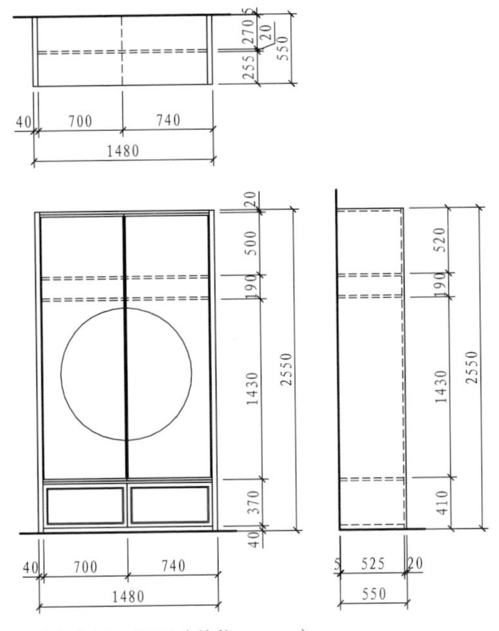

卧室衣柜三视图（单位：mm）

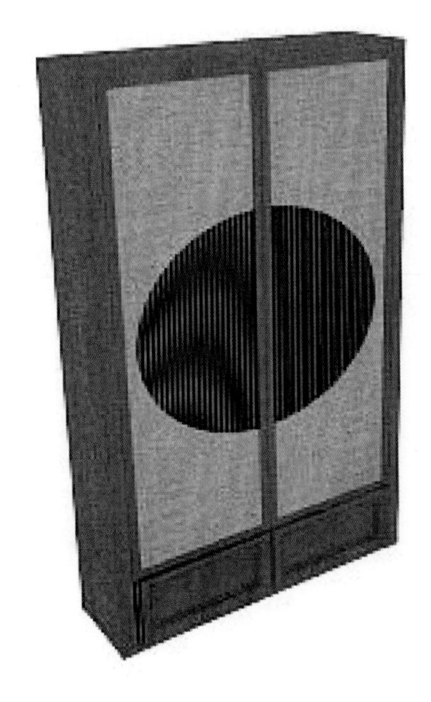

卧室衣柜效果图

次卧衣柜采用了相同的造型设计，中部圆形雕刻镂空设计让衣柜具有良好的透风散热功能，下部的抽屉设计有效缓解了柜门的承重压力，储物分类也更加细致。

5. 休息室展示柜设计

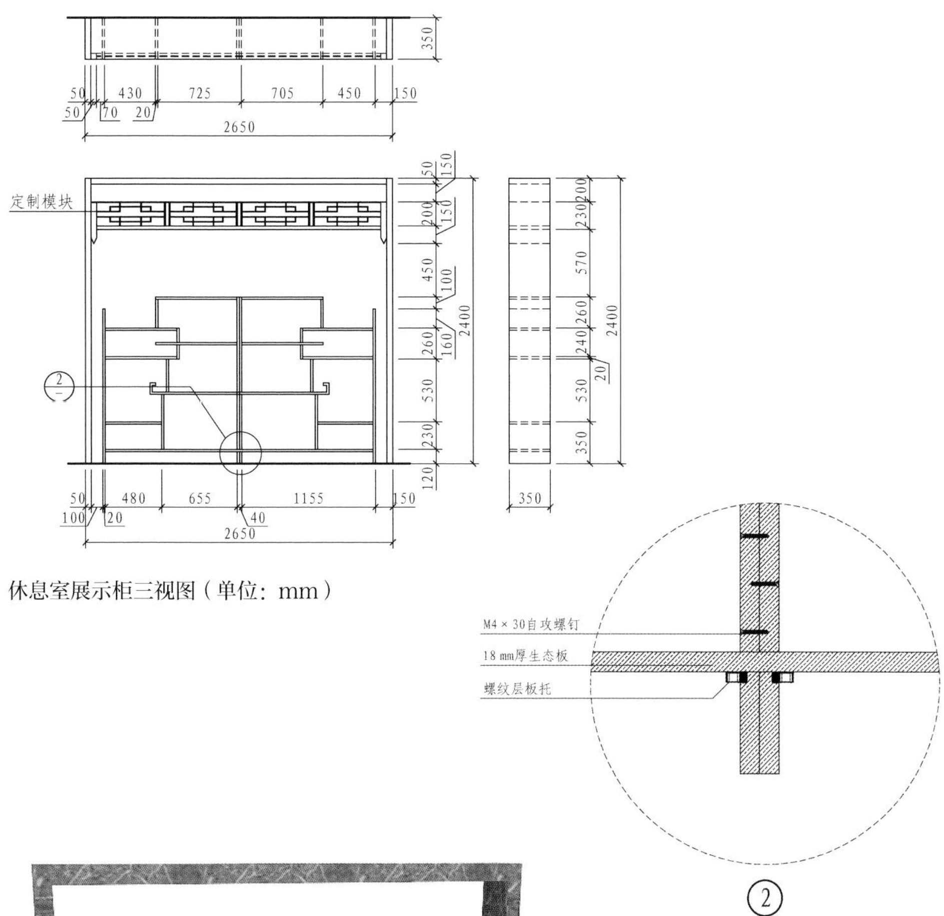

休息室展示柜三视图（单位：mm）

休息室展示柜构造详图（单位：mm）

休息室展示柜效果图

中式风格的铜制锁扣与合页散发出古典气息，用在实木家具上显得十分古朴。对称式的展示架再一次证实了中式风格中秩序的美感，体现出端庄、严谨的设计思路。

6. 衣帽间置物架设计

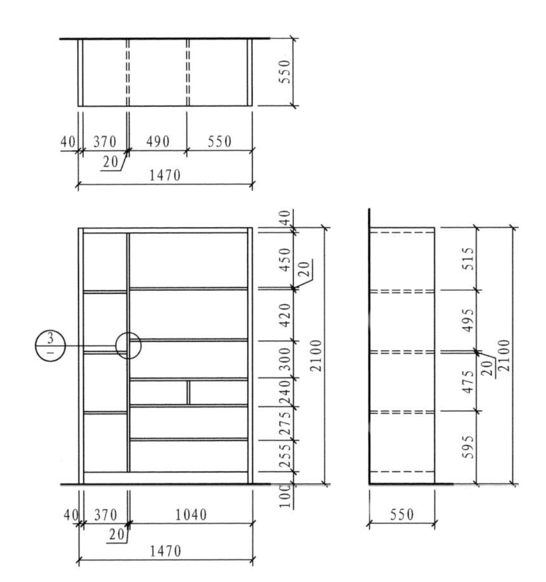

衣帽间置物架三视图（单位：mm）

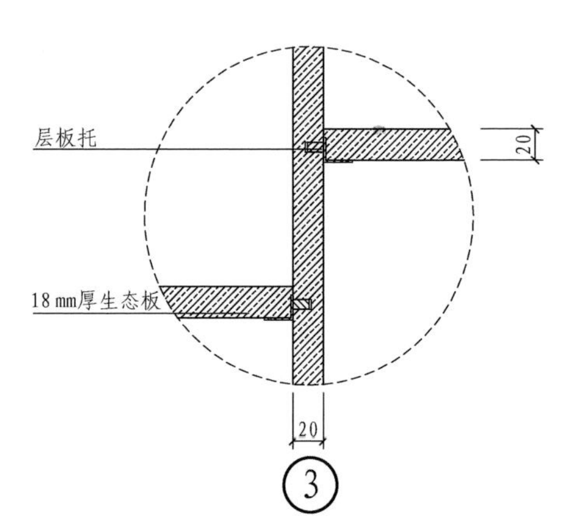

衣帽间置物架构造详图

衣帽间置物架效果图

新中式风格的家具以深色为主，可谓古典家具，抑或现代家具与古典家具相结合。家具配饰上多以线条简练的明式家具配饰为主。新中式风格将现代元素和传统元素结合在一起，以现代人的审美需求来打造富有传统韵味的事物，让传统艺术在当今社会得到合适的体现。

3.4.3 新中式风格案例解析二

1. 平面与顶面布置图

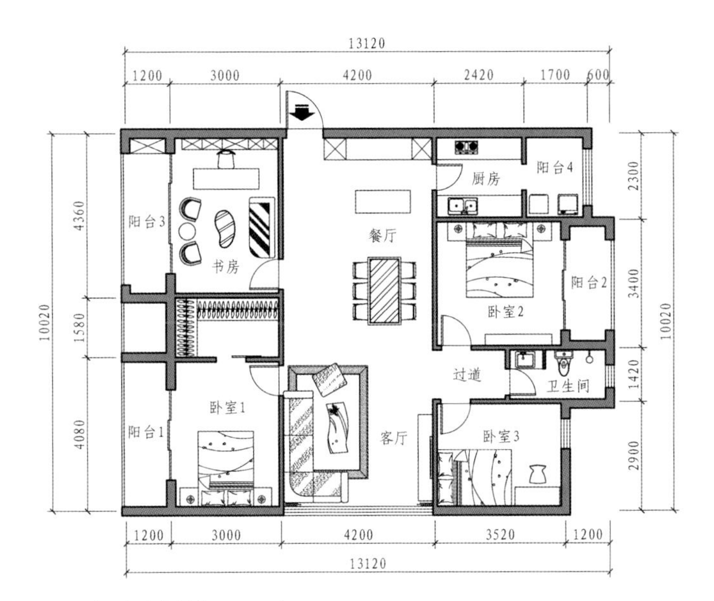

平面布置图（单位：mm）

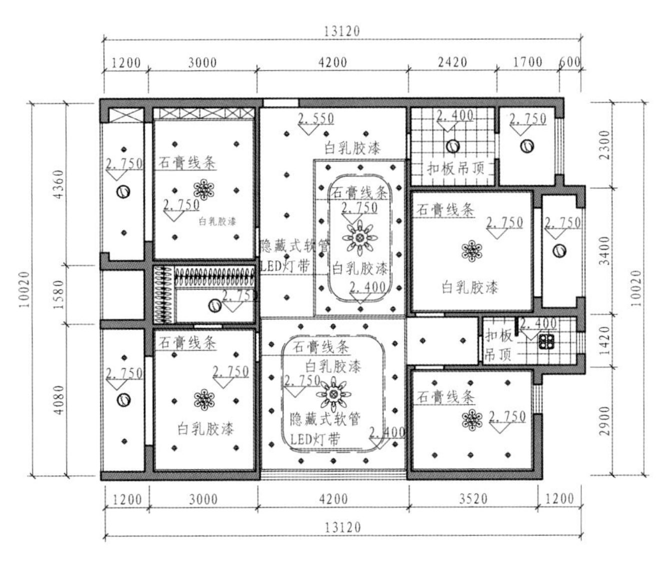

顶面布置图（单位：mm）

2. 软装与家具风格设计要素

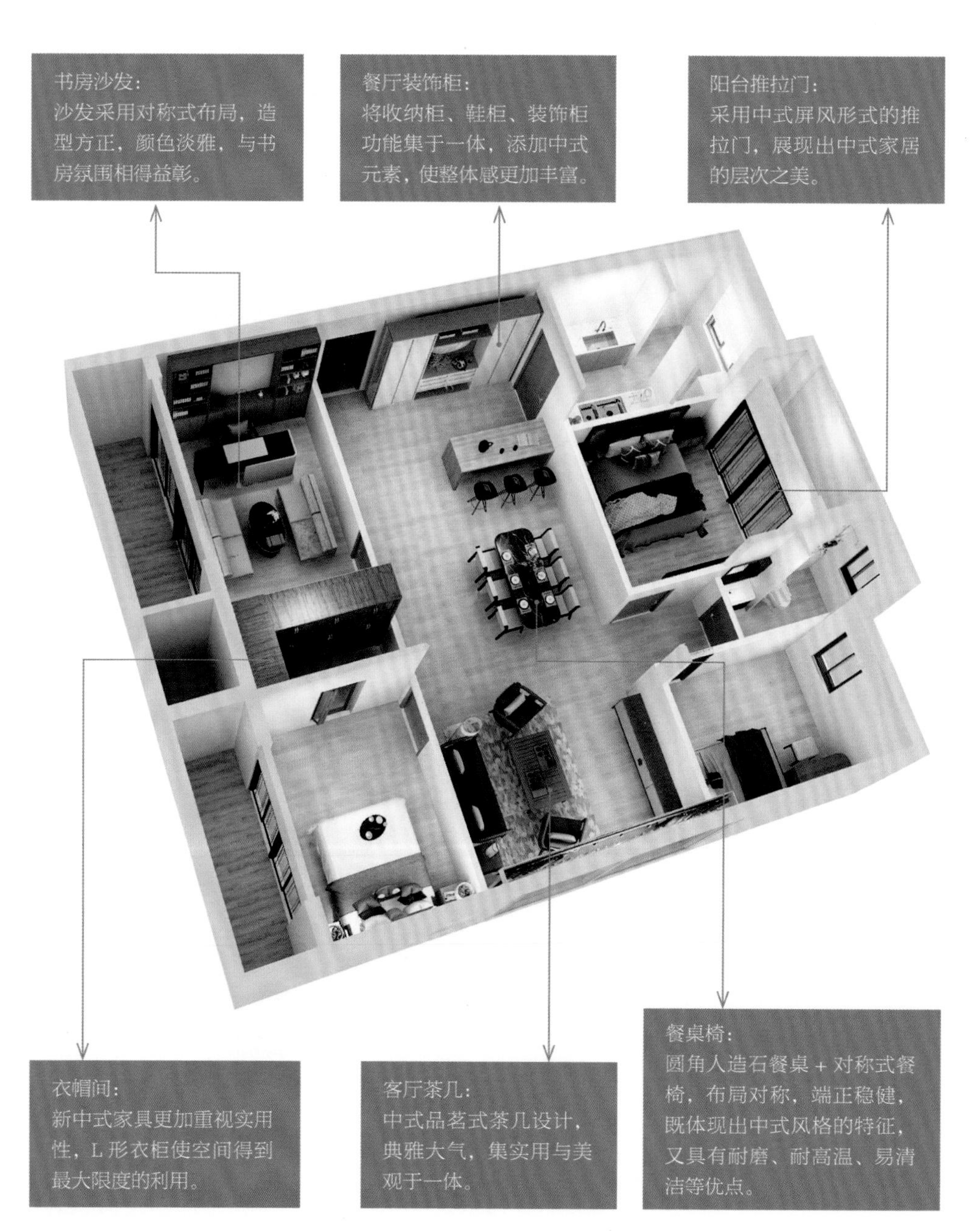

整体效果图（一）

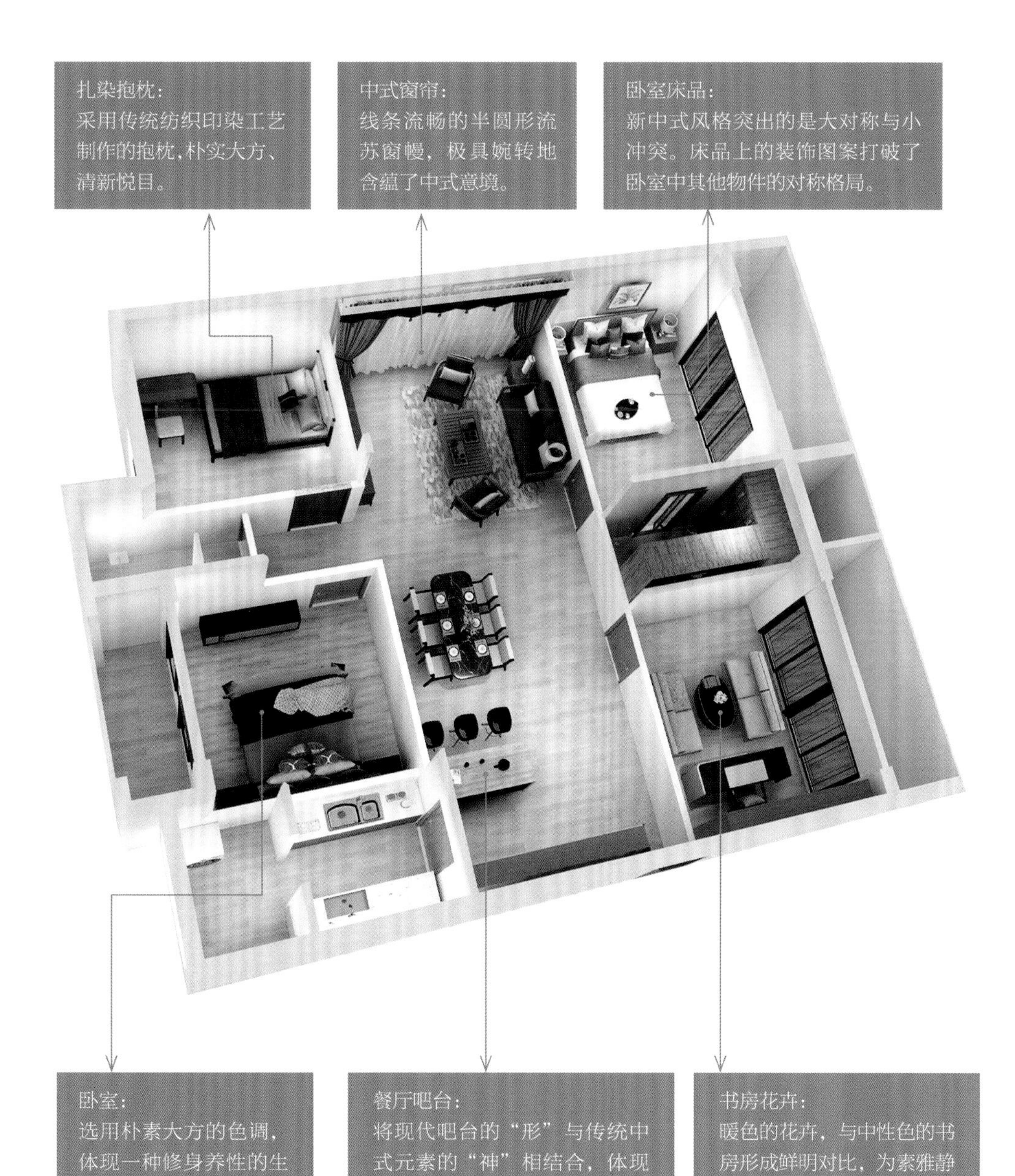
扎染抱枕：
采用传统纺织印染工艺制作的抱枕，朴实大方、清新悦目。
中式窗帘：
线条流畅的半圆形流苏窗幔，极具婉转地含蕴了中式意境。
卧室床品：
新中式风格突出的是大对称与小冲突。床品上的装饰图案打破了卧室中其他物件的对称格局。
卧室：
选用朴素大方的色调，体现一种修身养性的生活境界。
餐厅吧台：
将现代吧台的“形”与传统中式元素的“神”相结合，体现出新中式风格的独特之美。
书房花卉：
暖色的花卉，与中性色的书房形成鲜明对比，为素雅静谧的书房增添生气。

整体效果图（二）

3. 书房书柜设计

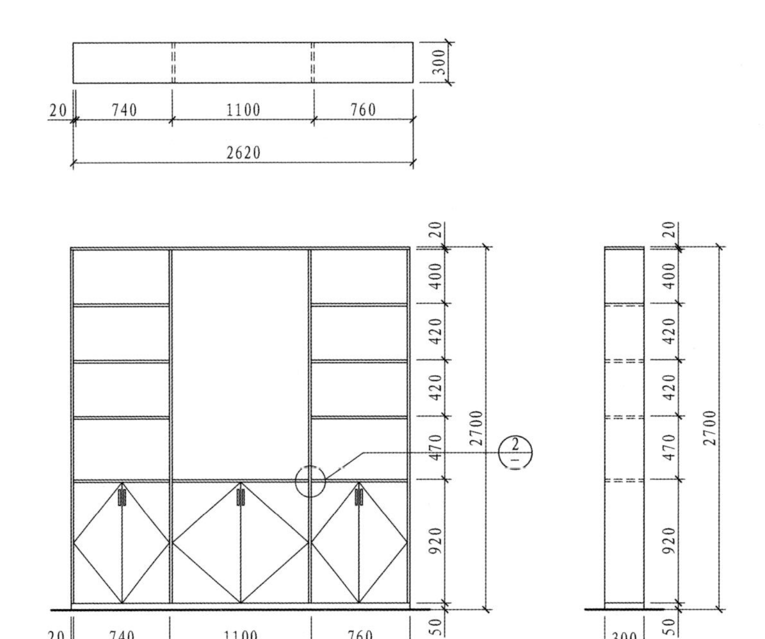

书房书柜三视图（单位：mm）

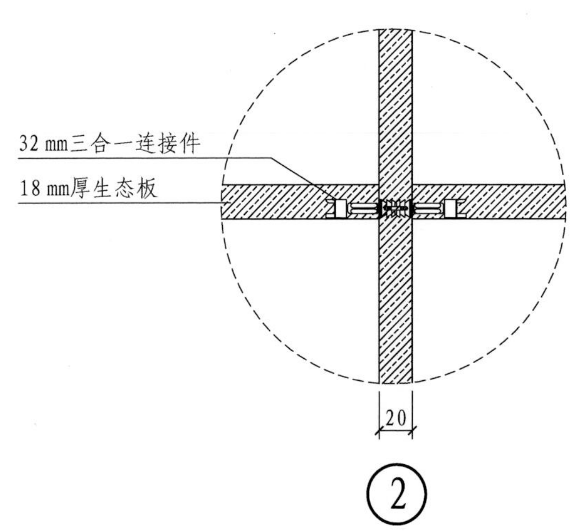

书房书柜构造详图（单位：mm）

书房书柜效果图

中式风格的家具沿袭了中国明清时期传统文化的尊贵与端庄。书房的书柜采用对称式布局，格调高雅、造型纯朴，清雅与大气共生，含蓄与精致并存，搭配中式禅意小品，相映成趣，以充满典雅的元素来装点悠然的生活。

4. 书房书桌设计

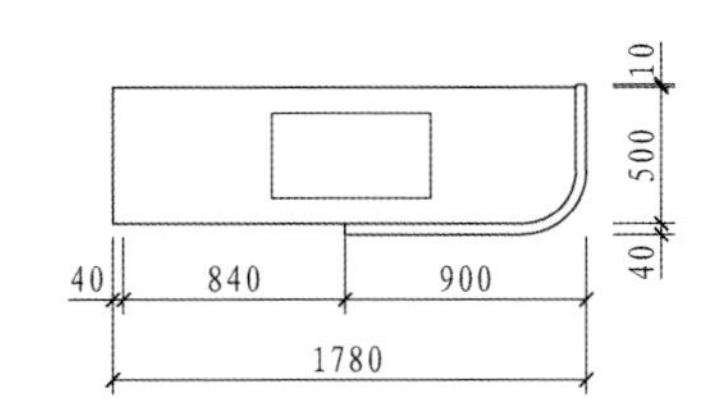

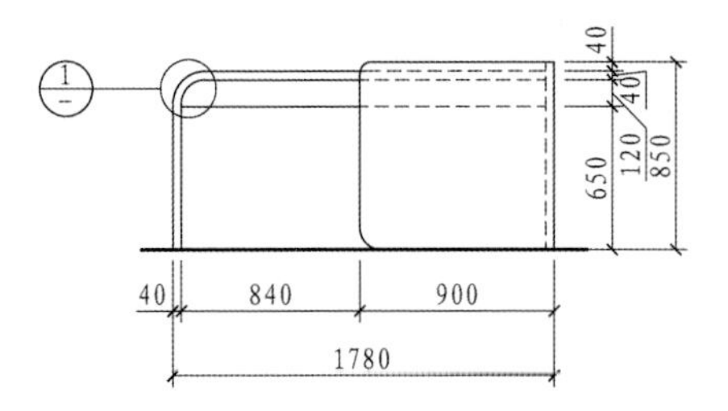

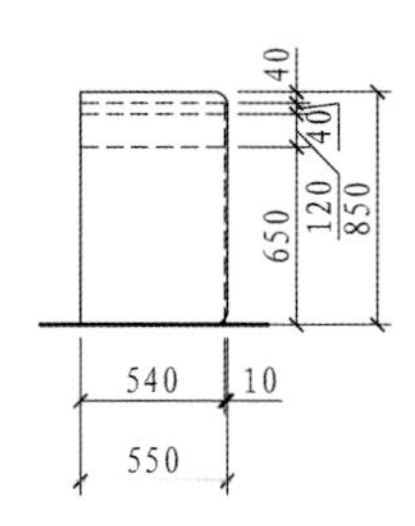

书房书桌三视图（单位：mm）

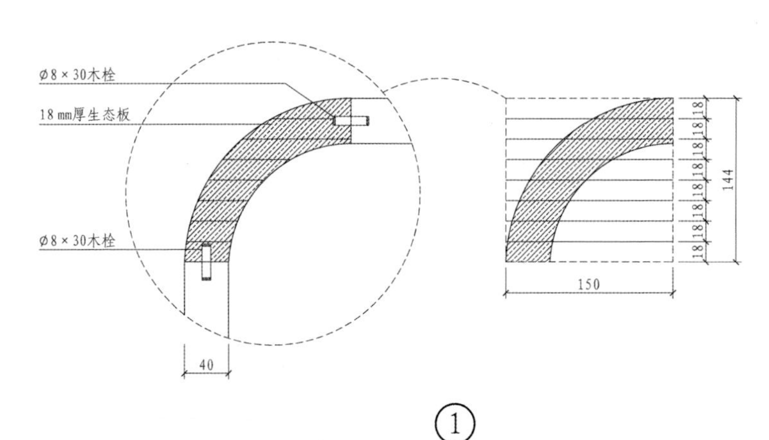

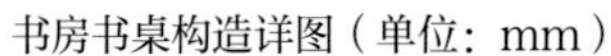

书房书桌构造详图（单位：mm）

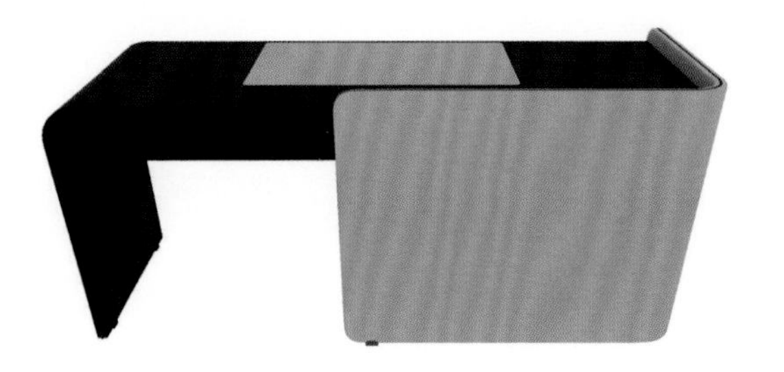

书房书桌效果图

采用黑胡桃与白枫的材质，圆角及直角的流线造型，简洁流畅，颜色搭配鲜明大气。书桌具有中式传统元素的神韵，却不是一味照搬，而是将现代的审美融入传统韵味中，将现代风格、材质与传统元素兼容并蓄，浑然天成，巧夺天工，为家居注入新的气息。

5. 餐厅装饰柜设计

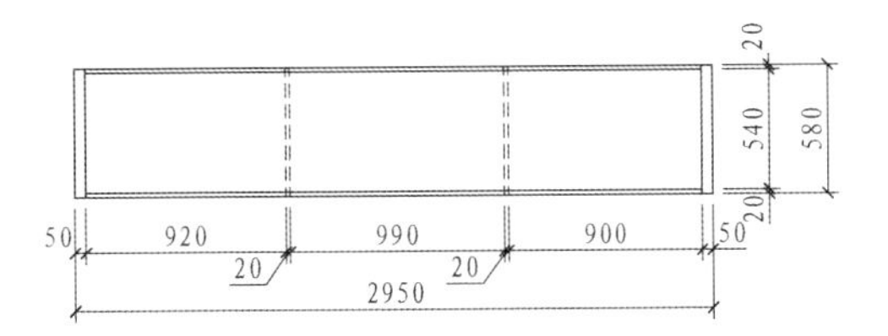

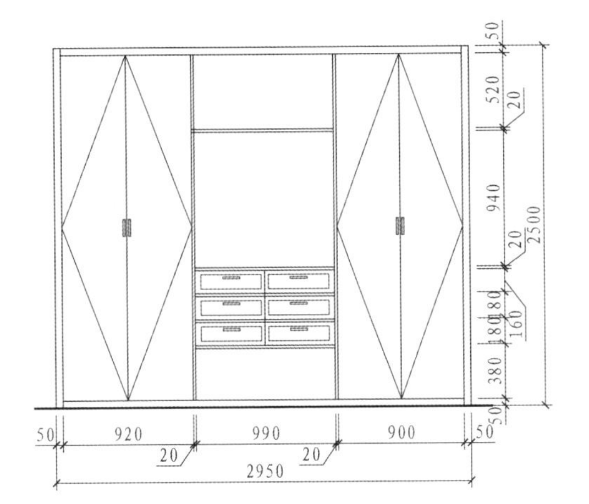

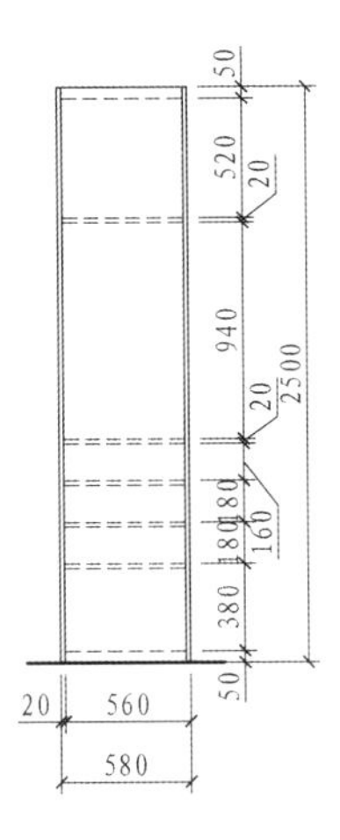

餐厅装饰柜三视图（单位：mm）

餐厅装饰柜效果图

中式风格讲究“天圆地方”，方即雅正，圆即和谐。因此“圆”和“方”是中式风格的常用元素。餐厅装饰柜造型方正严谨，中部搭配圆形抽象装饰画，方中有圆，圆中有乾坤，互为对立，又互为相生，更添意境之美。

3.5 日式风格

3.5.1 日式风格概念

日式家居装修中，榻榻米、半透明樟子纸以及天井贯穿在整个房间的设计布局中，天然材质是日式装修中最具特点的部分。入母屋造（即中国的歇山顶）、深挑檐、架空地板、室外平台、横向木板壁外墙、桧树皮葺屋顶等，都是日式风格的特色设计。

日式风格的家具定制设计中，色彩多偏重于原木色，搭配竹、藤、麻和其他天然材料颜色，形成朴素的自然风格。装饰特点是淡雅、简洁，一般采用清晰的线条，使居室的布置呈现出较强的几何立体感，并给人清洁之感。

日式风格定制设计

传统的日式家具以其清新、自然、简洁的特点，形成了独特的家居风格。日式家居环境所营造的闲适、悠然自得的生活境界，能够淡化生活中的浮躁情绪，让心情得以放松。地台式的床体是日式风格的独特设计，将床体与床头柜、展示架连成一个整体。

3.5.2 日式风格案例赏析

1. 平面与顶面布置图

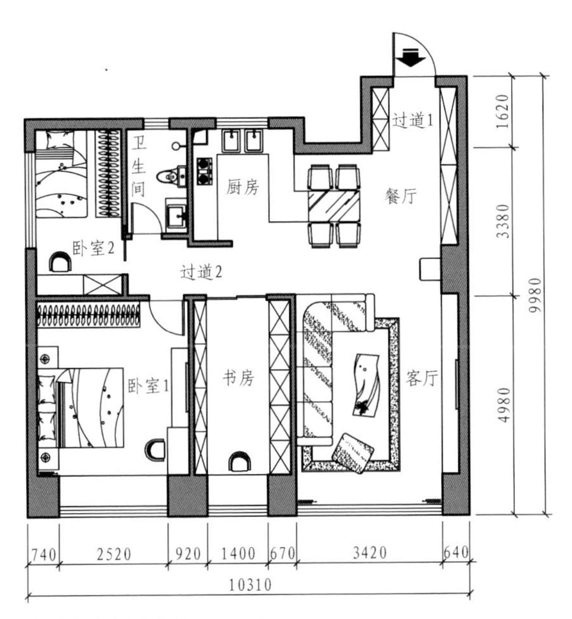

平面布置图（单位：mm）

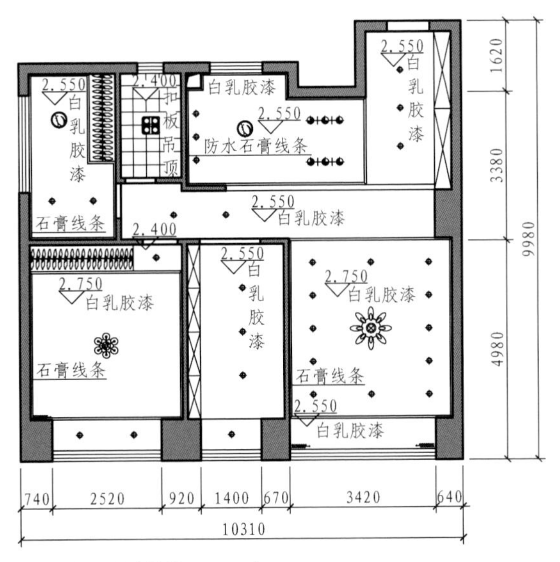

顶面布置图（单位：mm）

2. 软装与家具风格设计要素

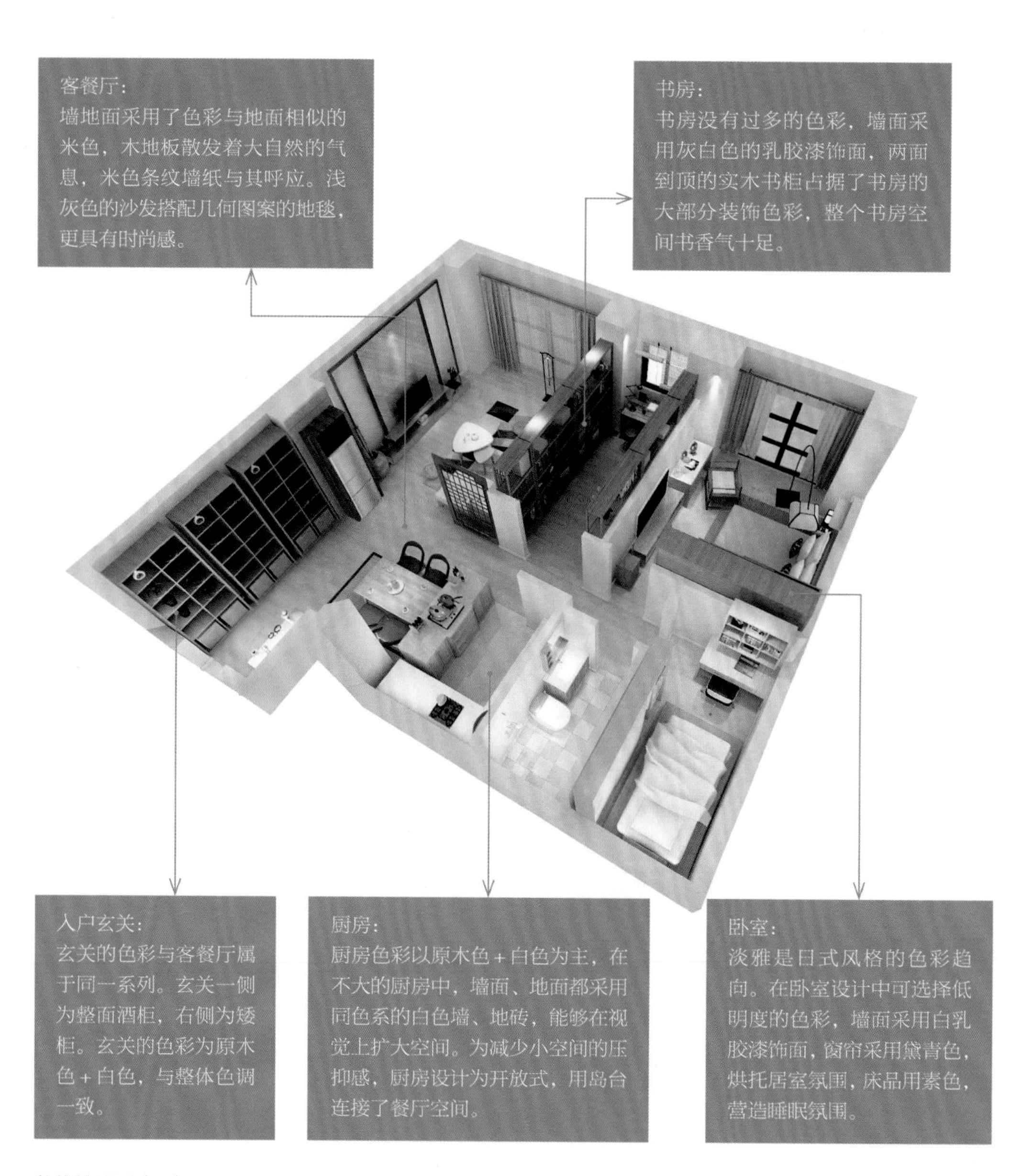

整体效果图（一）

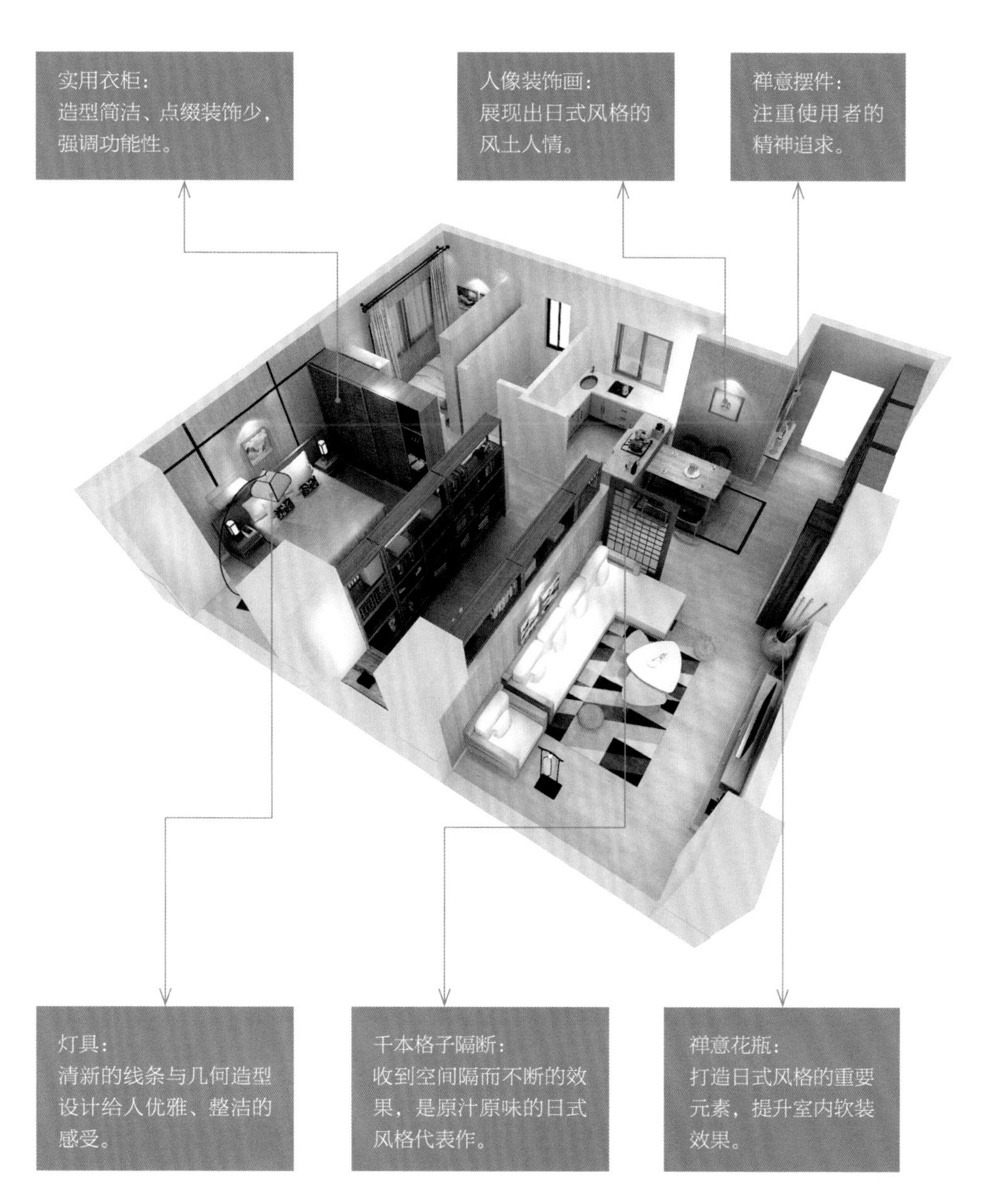
实用衣柜：
造型简洁、点缀装饰少，
强调功能性。
人像装饰画：
展现出日式风格的
风土人情。
禅意摆件：
注重使用者的
精神追求。
灯具：
清新的线条与几何造型
设计给人优雅、整洁的
感受。
千本格子隔断：
收到空间隔而不断的效
果，是原汁原味的日式
风格代表作。
禅意花瓶：
打造日式风格的重要
元素，提升室内软装
效果。

整体效果图（二）

3. 书房书架设计

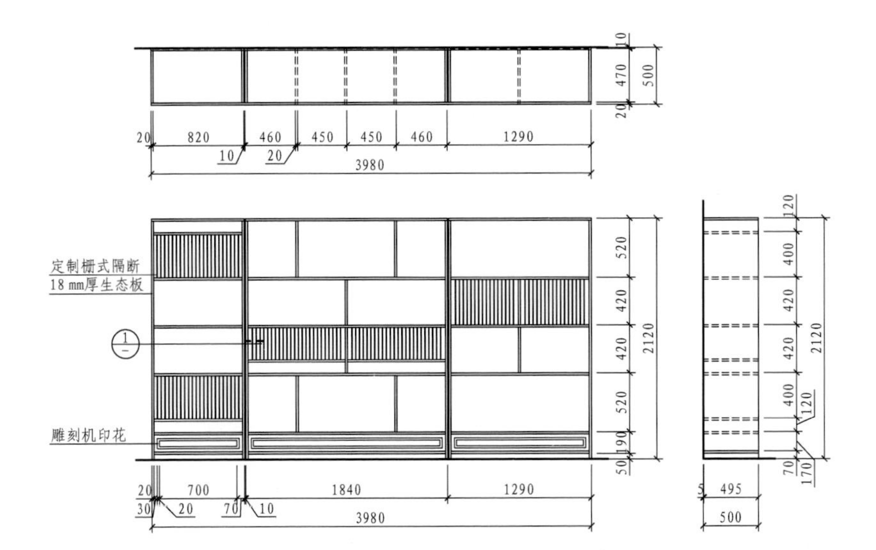

书房书架三视图（单位：mm）

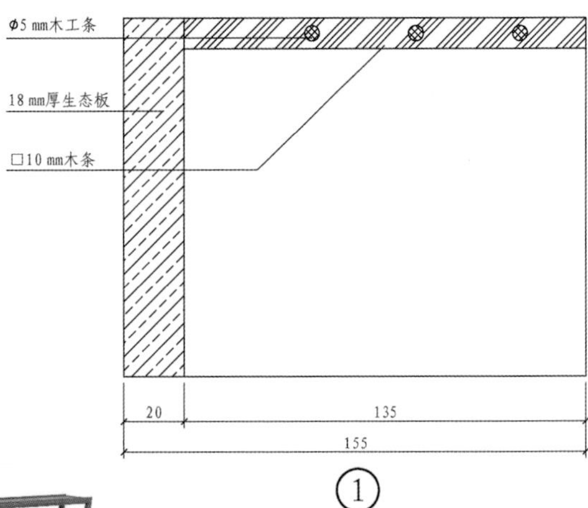

书房书架构造详图（单位：mm）

书房书架效果图

独特的镂空装饰造型弥补了书架的单调感。在日式风格中，栅格也是重要的设计元素，在书架上设计栅格既能保护重要的藏品不受外力破坏，又能起到较好的装饰效果。根据使用需求，每一层书架的高度不同，可以摆放不同规格的书籍，展示效果更好。

4. 餐厅酒柜设计

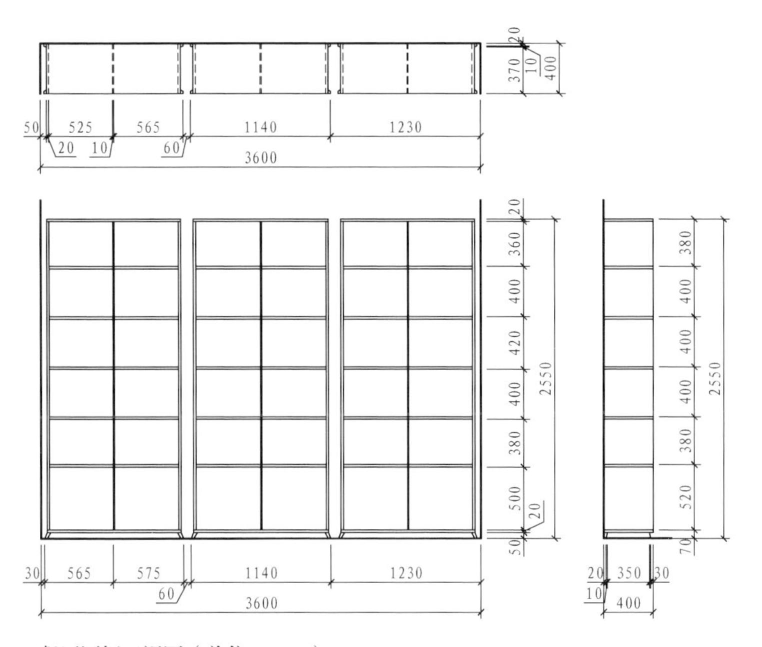

餐厅酒柜三视图（单位：mm）

餐厅酒柜效果图

酒柜由三个造型一致的单体柜组合而成，底柜为抽拉式的箱体设计，能够收纳家中的零散物品。上柜主要是展示区，用来展示酒类或名贵的收藏品。从进门到客厅、餐厅，都能看到展示柜。

5. 主卧衣柜设计

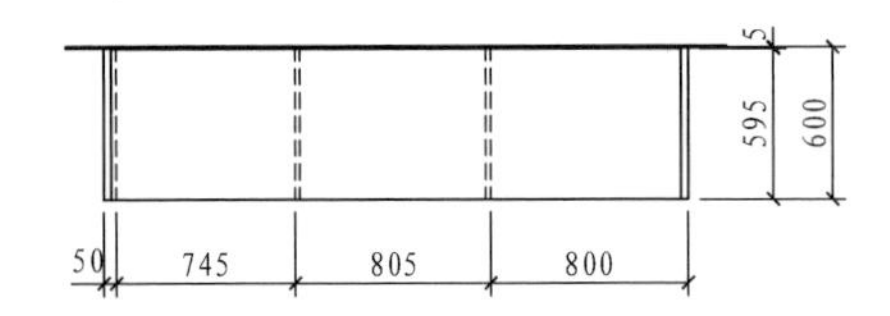

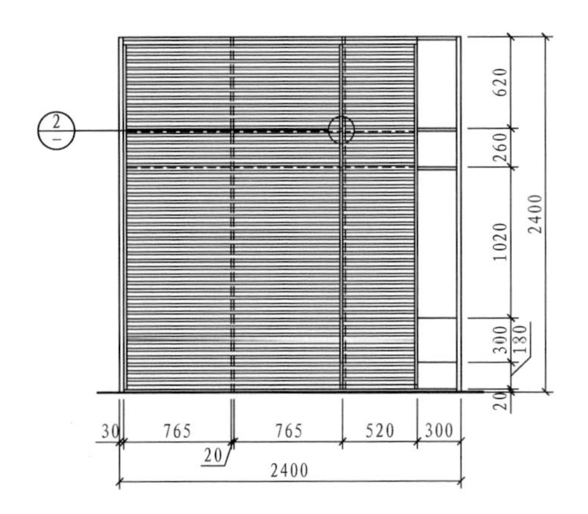

主卧衣柜三视图（单位：mm）

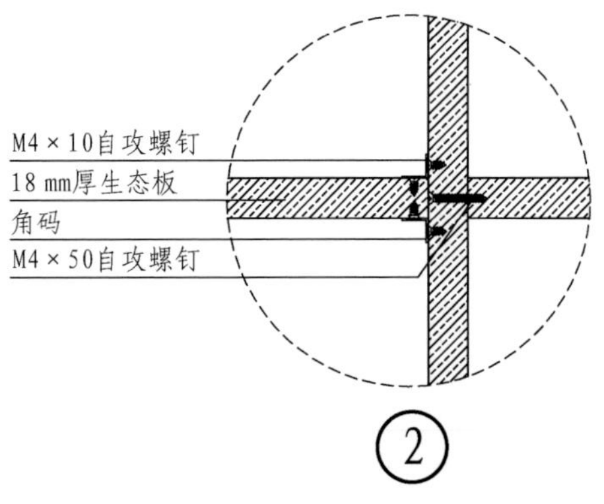

主卧衣柜构造详图

主卧衣柜效果图

衣柜百叶门设计是日式风格的经典之作。在百叶柜门关闭的情况下，能够增加衣柜内的空气流通，使柜内柜外的温度、湿度一致。同时，相较于一般的衣柜门，百叶门推拉时更加轻松、省力。由于百叶门的叶片朝下，室内细小的灰尘不易进入衣柜，因此能够较好地保存衣物。

6. 次卧衣柜设计

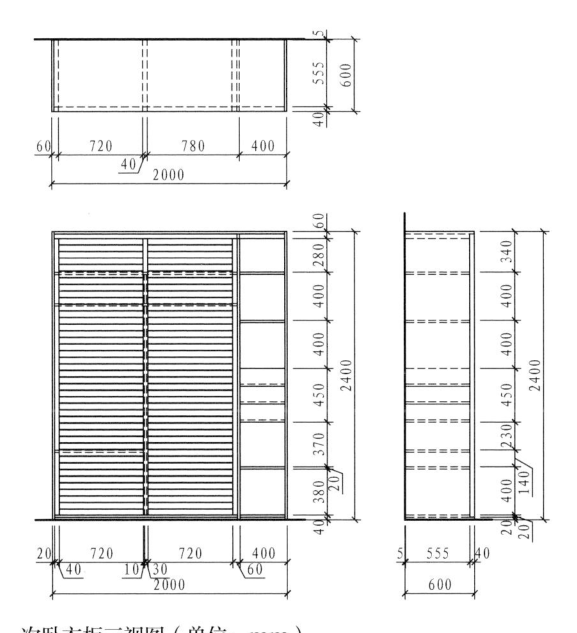

次卧衣柜三视图（单位：mm）

次卧衣柜效果图

日式风格的衣柜使用自然材质，不推崇豪华奢侈、金碧辉煌的装饰效果，而以淡雅节制、深邃禅意为境界，重视实际功能。在卧室家具中，这一特征也在延续，实木材质的衣柜设计，保留了木材原有的纹路与质感。

3.6 简欧风格

3.6.1 简欧风格概念

将欧式风格进行精简后，就是我们常说的简欧风格。在全屋定制设计中，简欧风格更多地考虑到实用性与多元化。传统欧式风格装饰精美、华丽，色彩浓重，简化后的欧式风格摒弃了复杂的装饰线条和过于华丽的装饰图案，代之以简洁的线条与简单的装饰，在设计中保留了欧式风格的精髓。

简欧风格多以象牙白为主色调，以浅色为主，深色为辅。相较传统的欧式装修风格，简欧更为清新、大气，更贴近自然，也更符合现代人的审美观念。在简欧风格中，家具是很重要的部分，家具颜色的选择也非常重要。为了匹配简欧风格高贵典雅的特点，往往选择一些优雅的颜色，例如米黄色、白色。在简欧风格的软装搭配中，这两种颜色的家具十分常见。

简欧风格定制设计

简化后的欧式风格，运用大量的石膏线条来装饰空间，却不会显得过于华丽。简欧风格的家具在设计中保留了欧式风格的部分材质、色彩，仍然可以呈现出欧洲传统的历史痕迹与浑厚的文化底蕴，同时又摒弃了过于复杂的肌理和装饰，简化了线条。

3.6.2 简欧风格案例赏析

1. 平面与顶面布置图

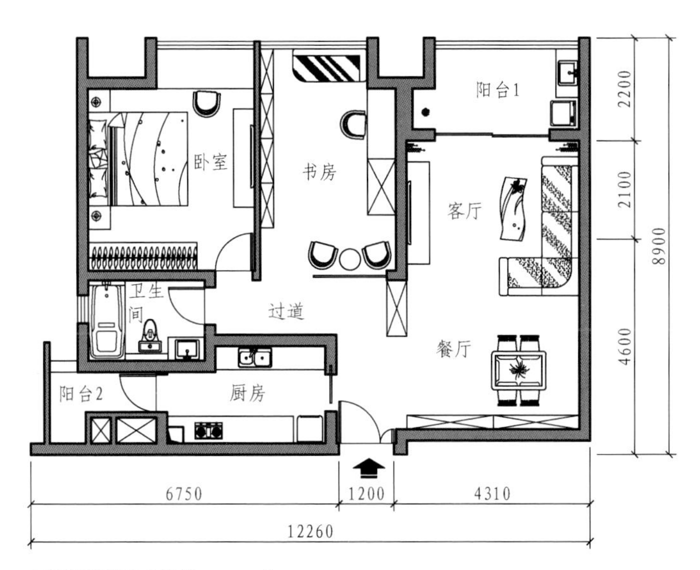

平面布置图（单位：mm）

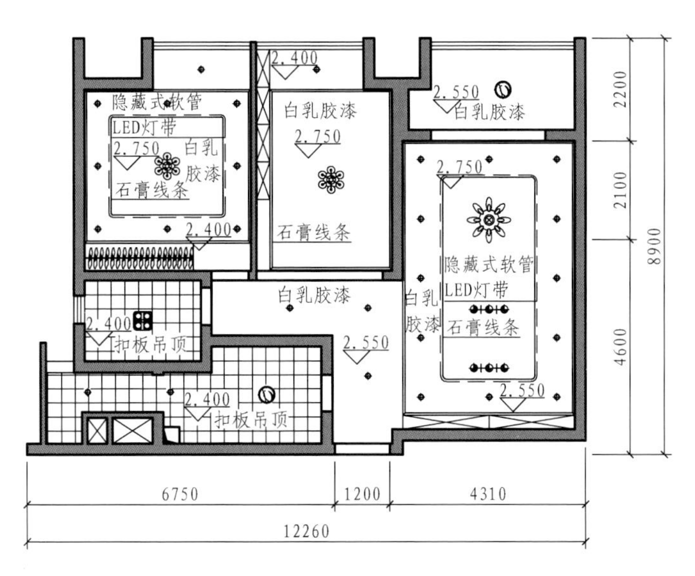

顶面布置图（单位：mm）

2. 软装与家具风格设计要素

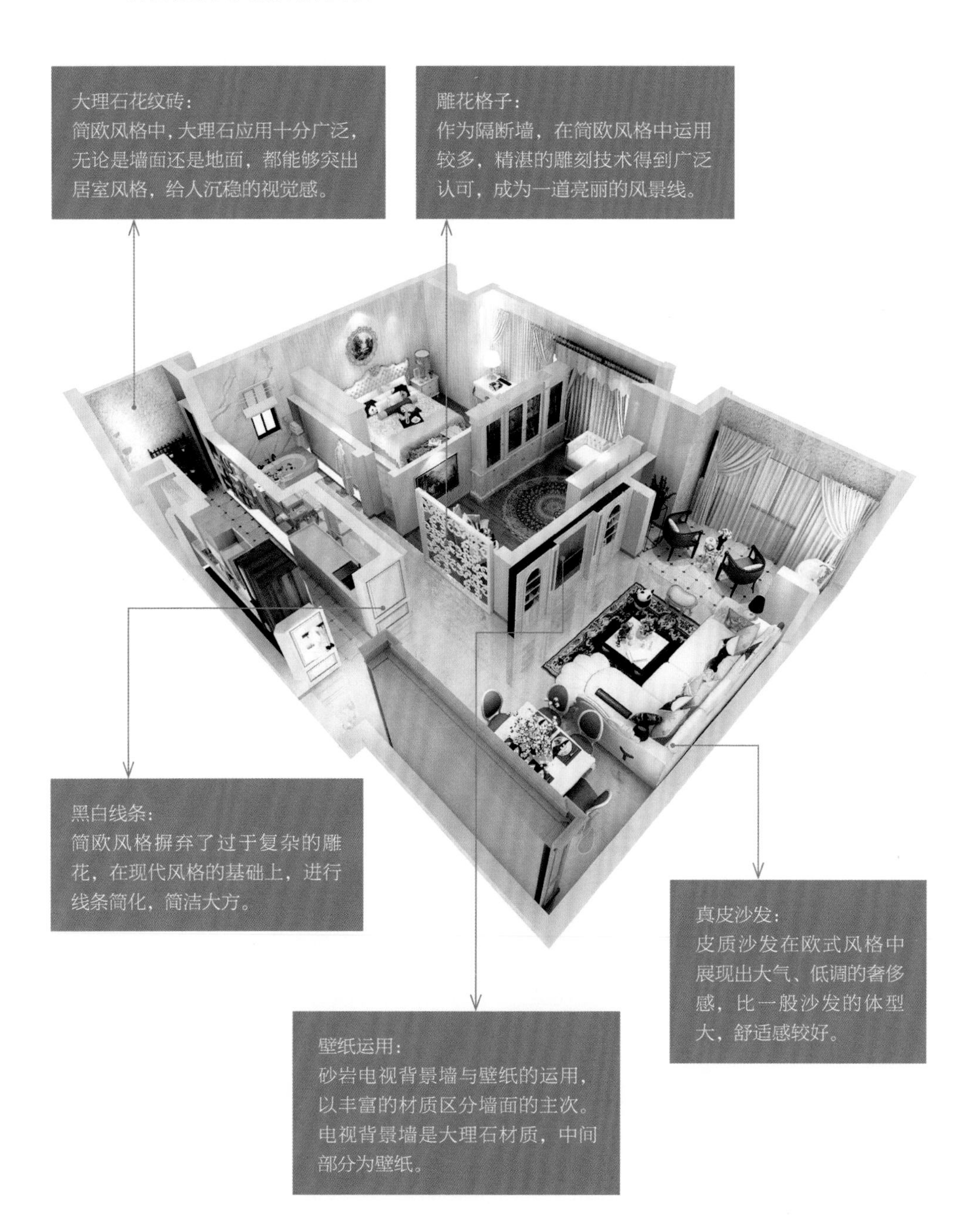

整体效果图（一）

宝石蓝色彩运用：
小面积使用宝石蓝，可以展现出欧式的尊贵气质，属于空间的画龙点睛之作。

描金框架装饰画：
造型别致的装饰画为卧室增添了欧式浪漫的设计元素。

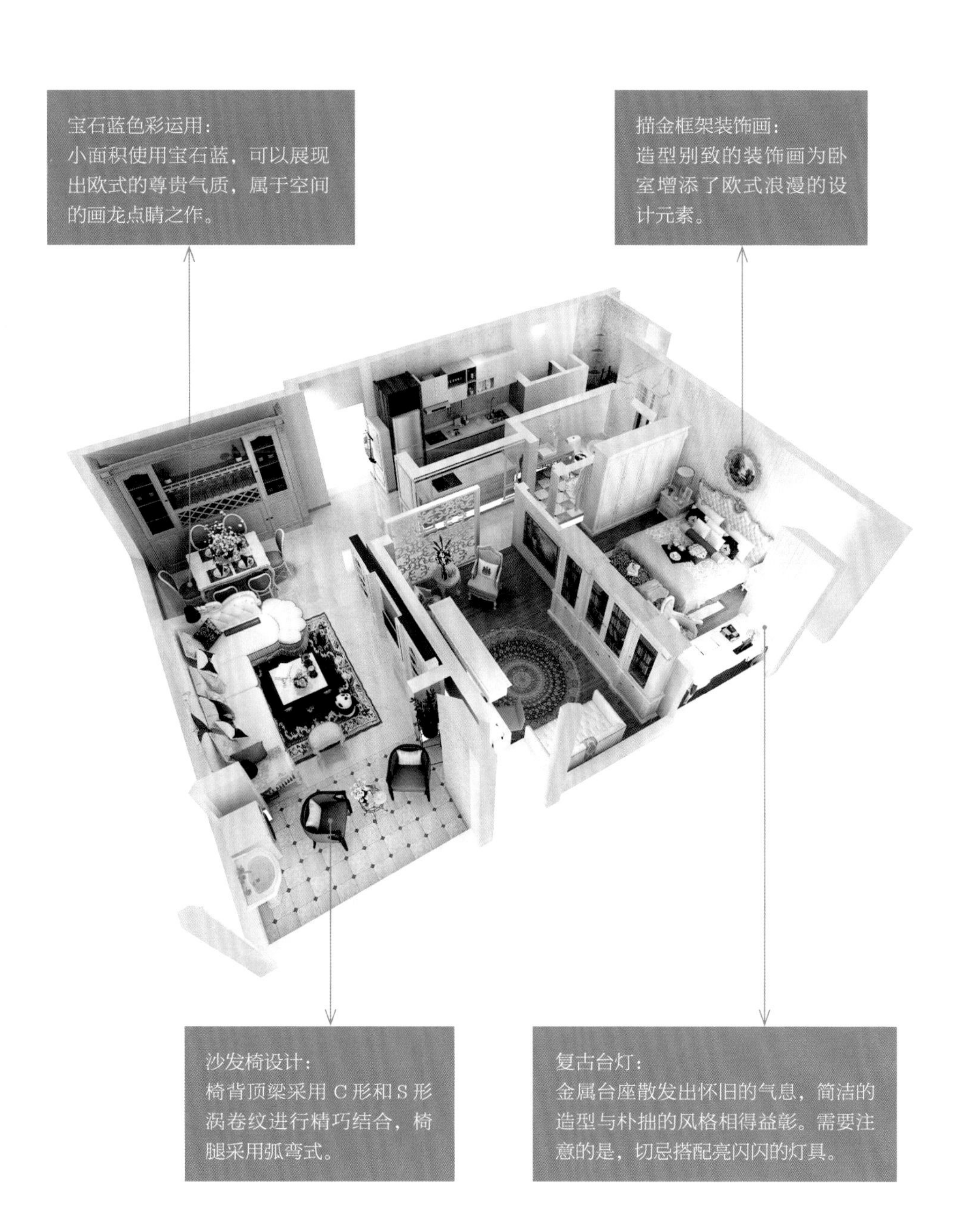

沙发椅设计：
椅背顶梁采用 C 形和 S 形涡卷纹进行精巧结合，椅腿采用弧弯式。

复古台灯：
金属台座散发出怀旧的气息，简洁的造型与朴拙的风格相得益彰。需要注意的是，切忌搭配亮闪闪的灯具。

整体效果图（二）

3. 衣柜设计

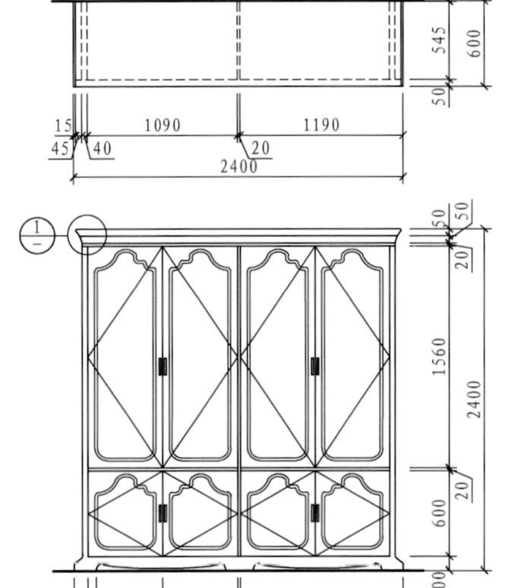

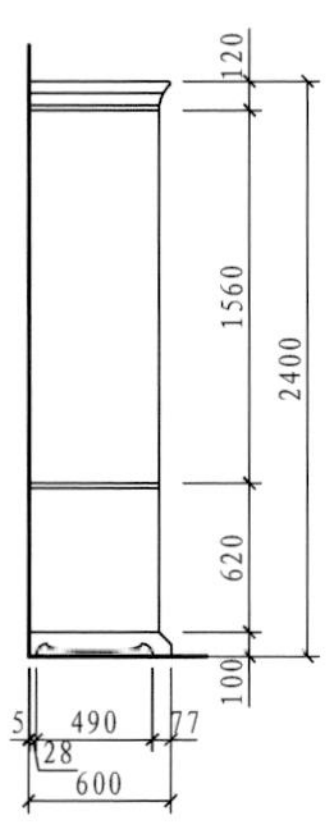

衣柜三视图（单位：mm）

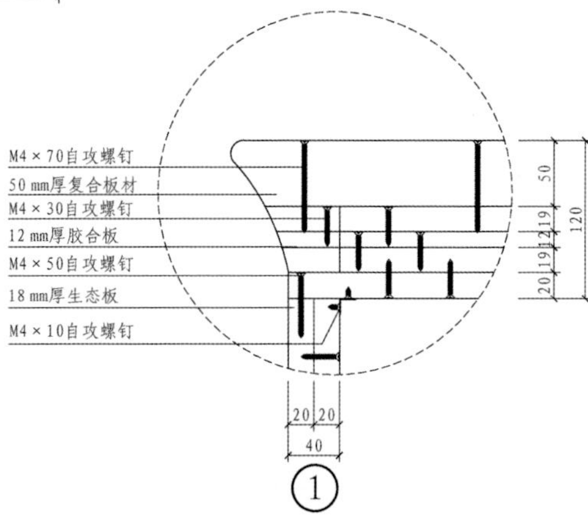

衣柜构造详图（单位：mm）

衣柜效果图

象牙白的衣柜看起来十分精致。柜面采用欧式植物藤蔓纹样，卷草纹的样式十分活泼，是非常有代表性的欧式元素。对称式设计显得十分工整，拉手也选择了同色系的金属材质，很有质感。

4. 书桌书柜设计

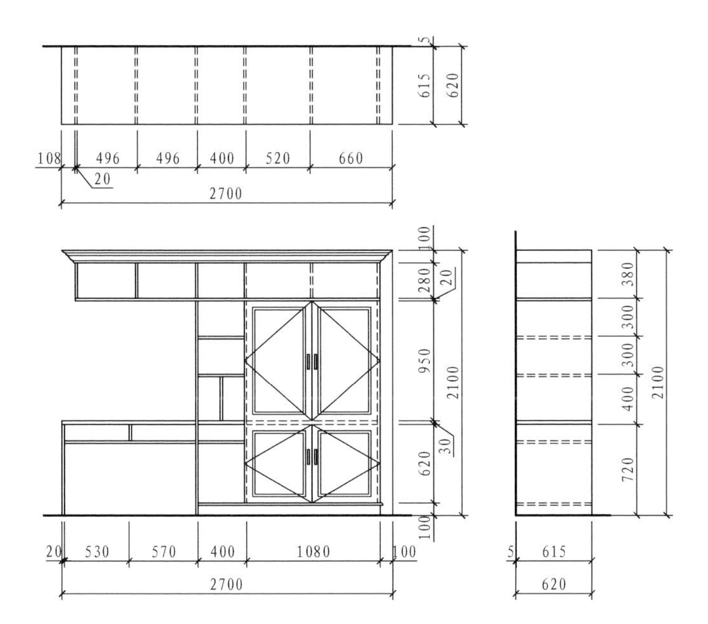

书桌书柜三视图（单位：mm）

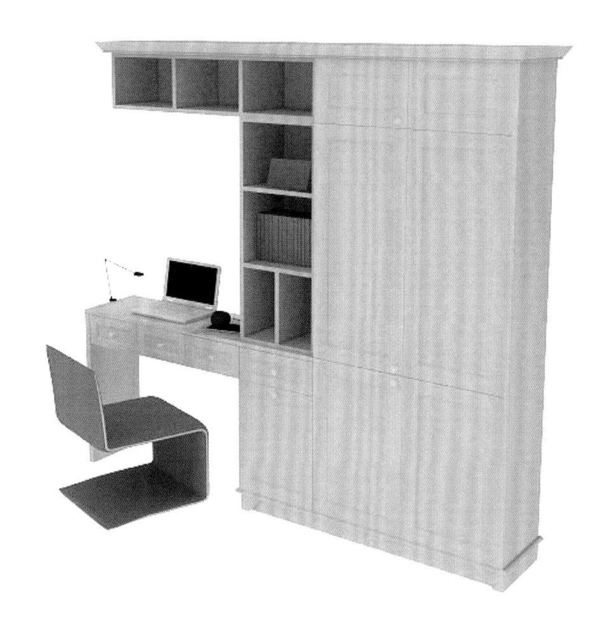

书桌书柜效果图

将次卧改造成书房，面积为 13.4 m^2，书桌、书柜的一体化设计能够有效节省空间。在阅读、工作之余，还能将靠近窗户的折叠沙发作为临时休息区。书房家具色彩与其他空间的色彩一致，浅色家具更能让人静下心来思考。

5. 书柜设计

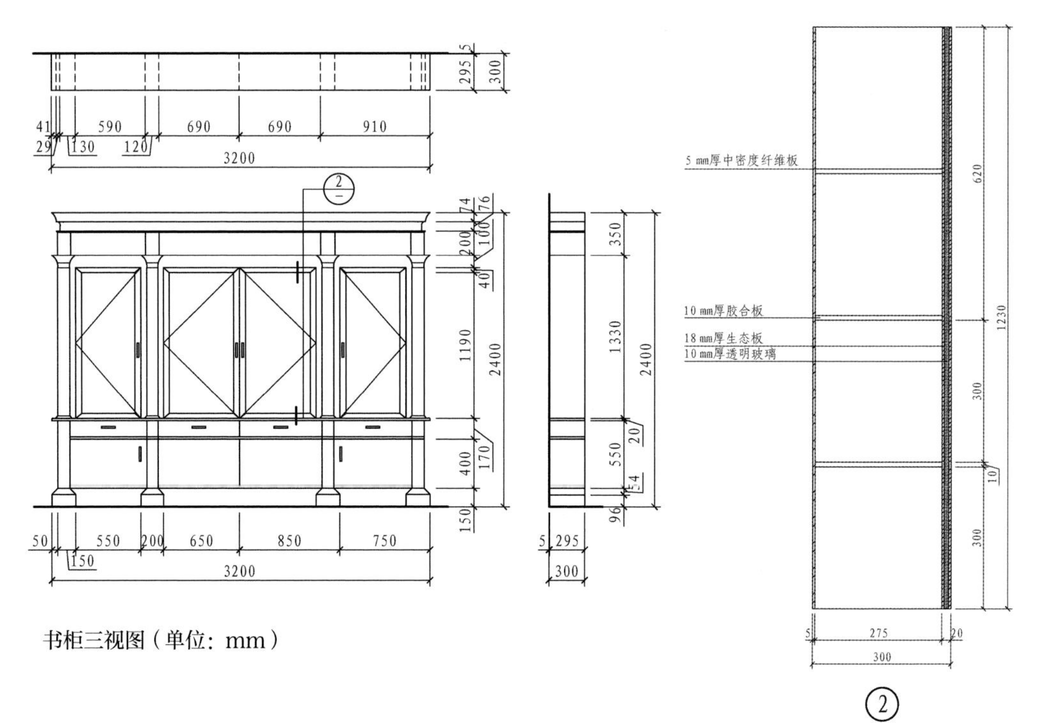

书柜三视图（单位：mm）

书柜构造详图（单位：mm）

书柜效果图

玻璃橱窗书柜具有良好的保存功能，能有效避免书籍上堆积灰尘。同时，玻璃材质的柜门更方便日常查找书籍。书房的家具并没有过多的装饰，书柜上简化后的罗马柱造型装饰增强了书柜的承重感。

6. 酒柜设计

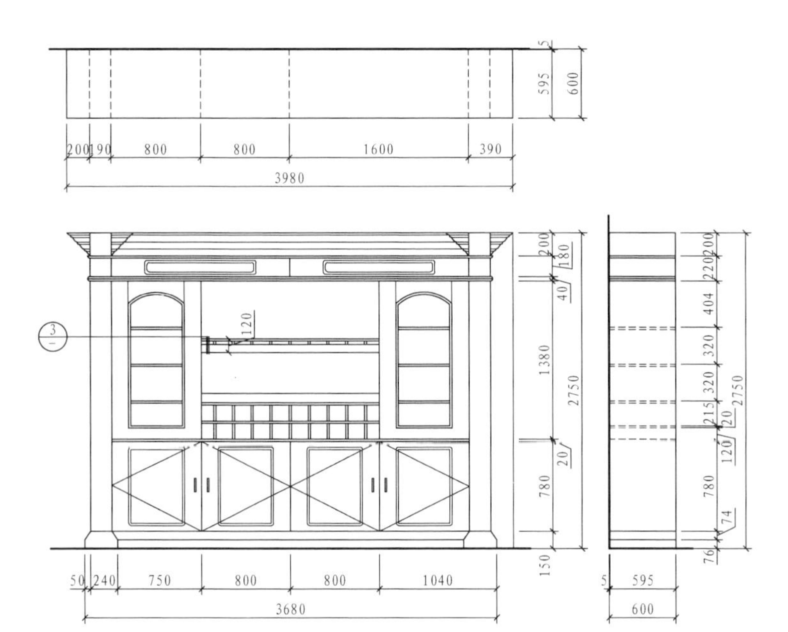

酒柜三视图（单位：mm）

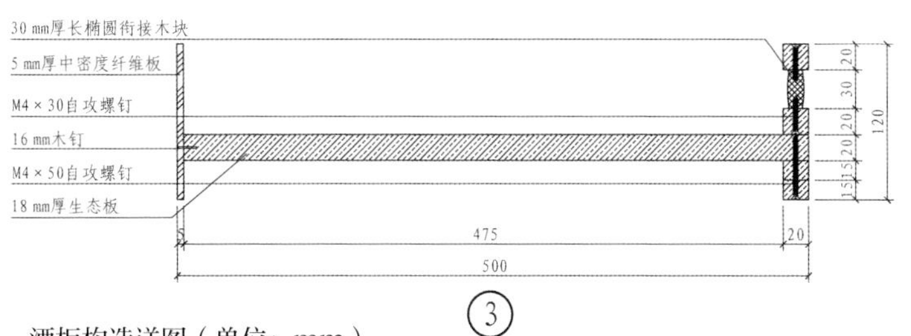

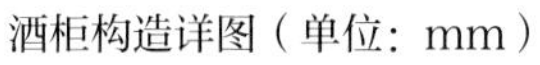

酒柜构造详图（单位：mm）

酒柜效果图

特意做旧的酒柜颜色，给人一种年代感，十分契合藏酒的文化氛围。酒柜的两侧为罗马柱设计，底部的底座稳定坚固，顶部向上升起的柱檐层次丰富，线条感十足。格子酒架具有良好的储存功能，储存的酒类易拿易放，对于收藏者来说，是保护酒的不二之选。

3.7 美式田园风格

3.7.1 美式田园风格概念

美式田园风格的全屋定制在设计中摒弃了烦琐和豪华，并将不同风格中的优秀元素进行汇集，最终融合到一个空间中。以舒适为向导，强调“回归自然”的设计原则，使这一风格变得舒适、轻松。家具颜色多使用仿旧漆，式样厚重。设计中常存有地中海样式的拱。

美式田园风格在美学上推崇自然，结合自然元素设计，在室内环境中力求表现悠闲、舒畅的田园生活情趣，常运用天然木、石、藤、竹等材质，表现出质朴的纹理。巧妙设置室内绿化，可营造简朴、高雅的居室氛围。家具通常具有线条简洁、体积粗犷、色调明快、经久耐用等优点，摒弃繁杂的设计元素，兼具古典主义的优美造型与新古典主义的功能配备，既简洁明快，又便于打理。一般选用暖色调，自然且更适合现代人的日常使用。

美式田园风格定制设计

仿古是美式田园风格的重要设计方式，不论是地面的仿古砖铺装，还是家具上涂饰的仿古漆，都突出了人们对仿古装饰的喜爱。对各种仿古的墙地砖、石材的偏爱，以及对各种仿旧工艺品的追求，使美式田园风格的餐厅显得宽敞舒适，富有历史气息。

3.7.2 美式田园风格案例赏析

1. 平面与顶面布置图

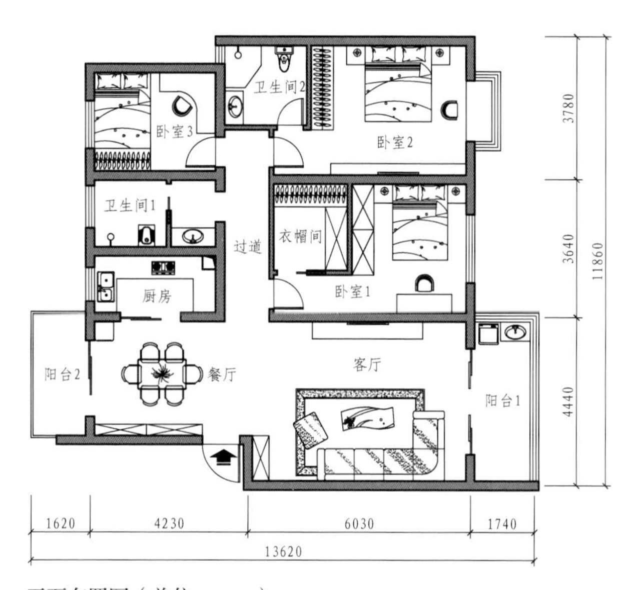

平面布置图（单位：mm）

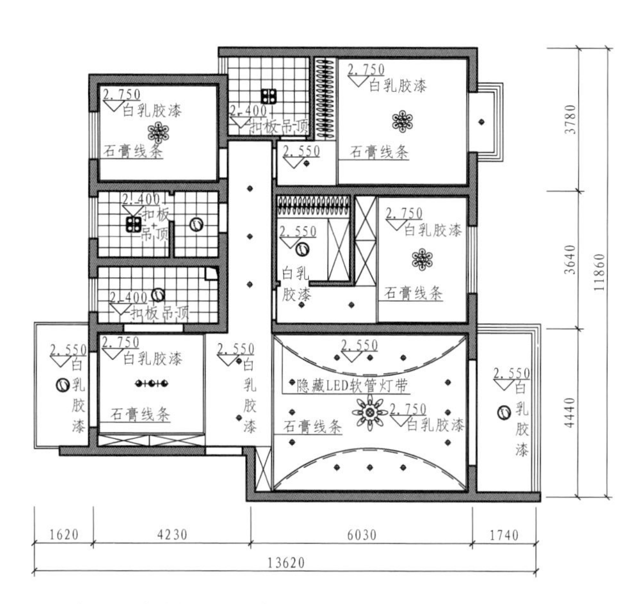

顶面布置图（单位：mm）

2. 软装与家具风格设计要素

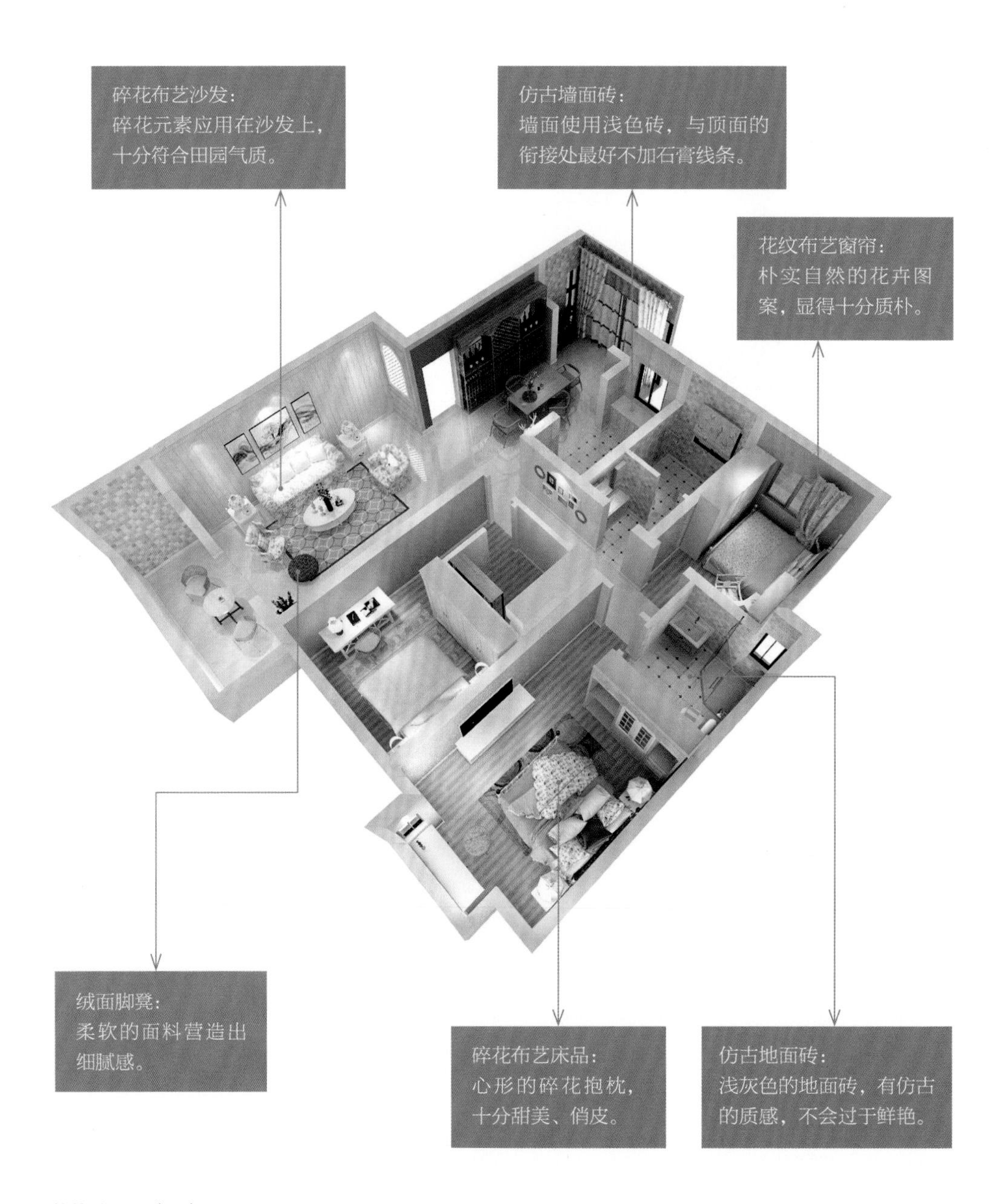

整体效果图（一）

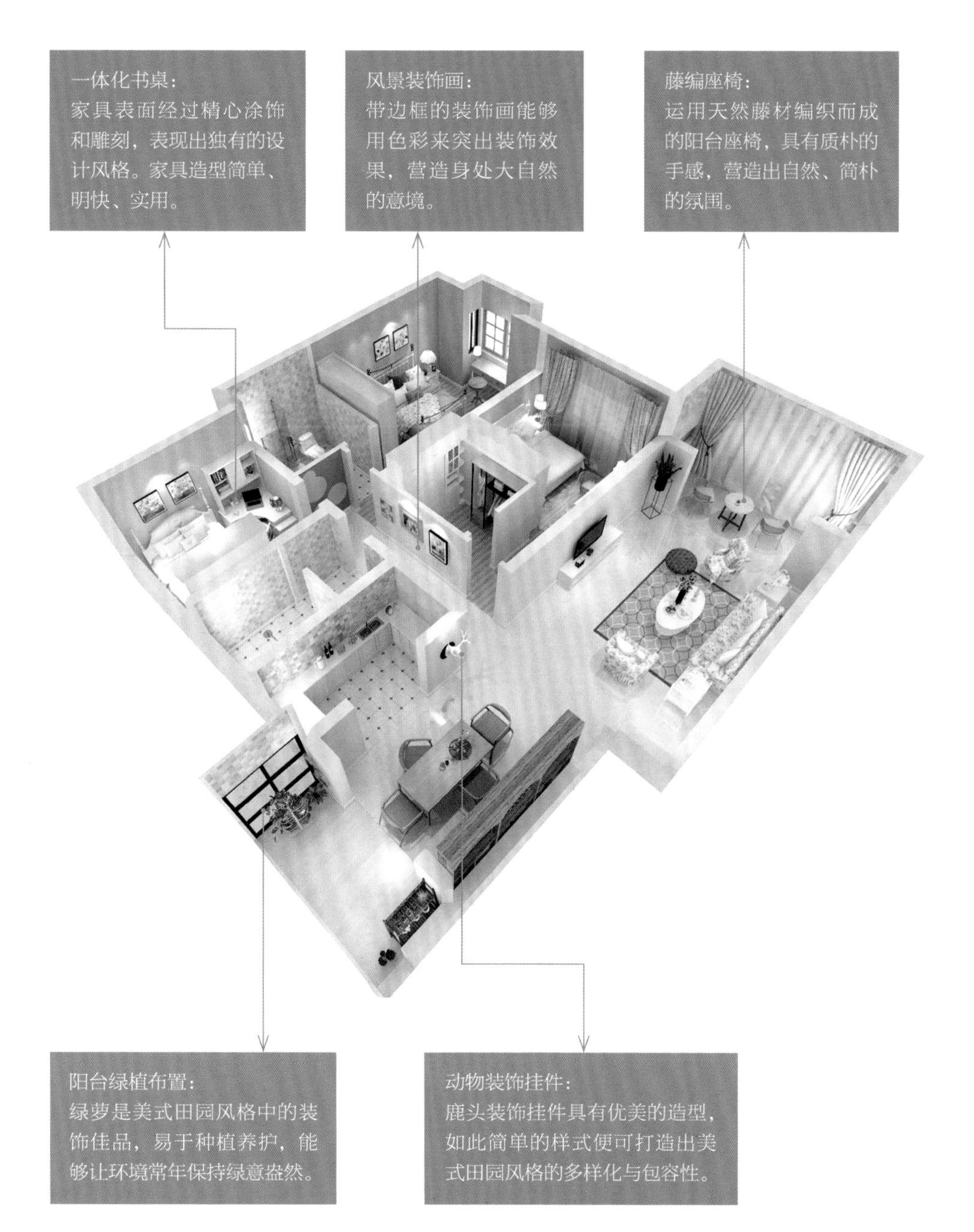
一体化书桌：
家具表面经过精心涂饰和雕刻，表现出独有的设计风格。家具造型简单、明快、实用。
风景装饰画：
带边框的装饰画能够用色彩来突出装饰效果，营造身处大自然的意境。
藤编座椅：
运用天然藤材编织而成的阳台座椅，具有质朴的手感，营造出自然、简朴的氛围。
阳台绿植布置：
绿萝是美式田园风格中的装饰佳品，易于种植养护，能够让环境常年保持绿意盎然。
动物装饰挂件：
鹿头装饰挂件具有优美的造型，如此简单的样式便可打造出美式田园风格的多样化与包容性。

整体效果图（二）

3. 餐厅酒柜设计

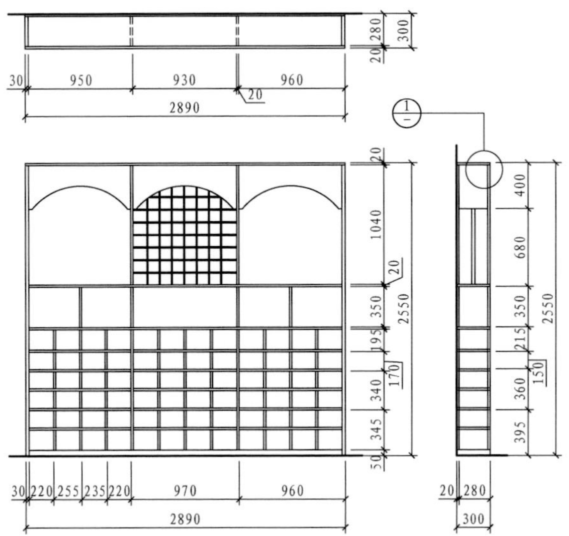

餐厅酒柜三视图（单位：mm）

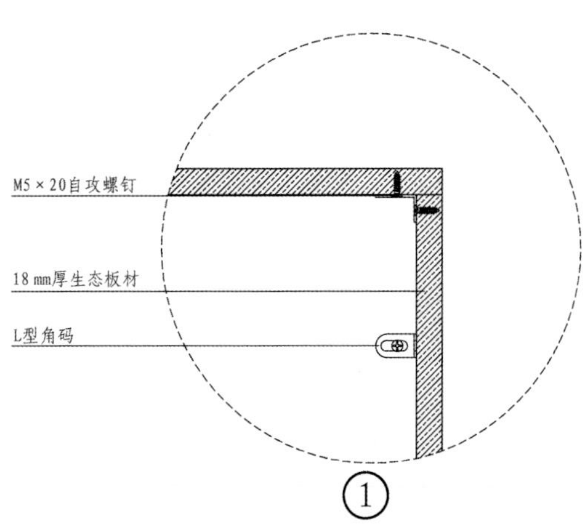

餐厅酒柜构造详图（单位：mm）

餐厅酒柜效果图

采用胡桃木设计的酒柜，亲切、温馨、大方，一眼望去便让人感到一股扑面而来的历史感，使人们的内心充满宁静与舒适，触发对自然与朴实生活的向往。天然的纹理与手工制作痕迹，赋予了家具完美的细节呈现，自然舒适的整体布局，营造出精致、高品位的家居环境。

4. 主卧衣柜设计

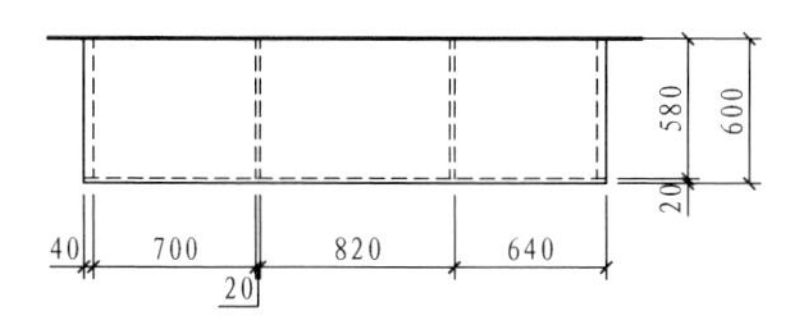

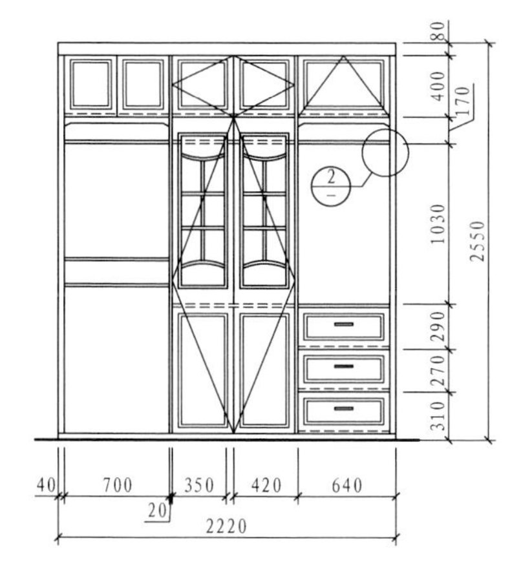

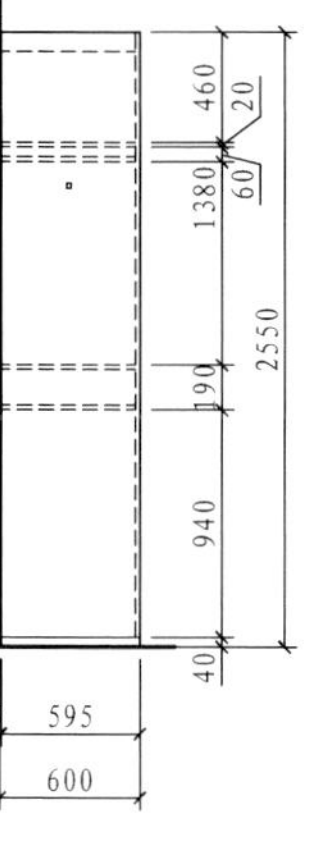

主卧衣柜三视图（单位：mm）

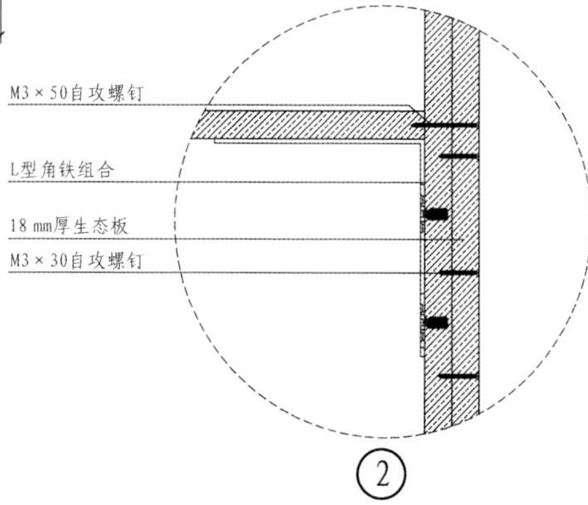

主卧衣柜构造详图（单位：mm）

主卧衣柜效果图

美式家具最迷人的地方在于造型、纹路、雕饰和色调的细腻高贵，耐人寻味处吐露着历史久远的芬芳。金色的柜面描边，透露出精致的生活方式。铜制弧形拉手，具有怀旧的艺术装饰作用。抽屉平衡了空间，使其看起来更为整洁、美观。

5. 客卧衣柜设计

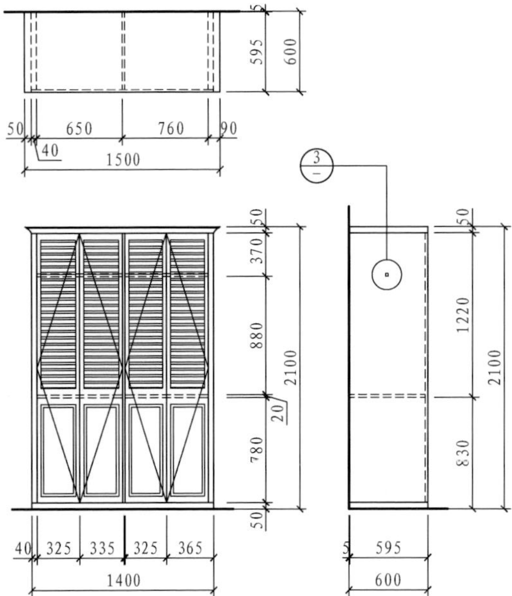

客卧衣柜三视图（单位：mm）

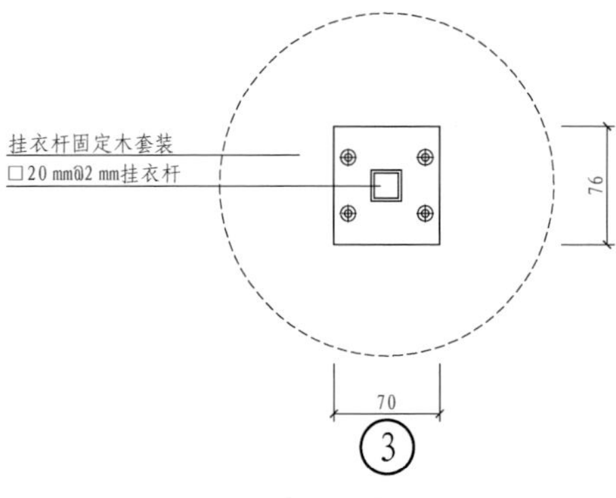

客卧衣柜构造详图（单位：mm）

客卧衣柜效果图

百叶柜门的家具风格大方得体，线条富有张力，细节华丽，这与其简单的外形及功能化的结构相得益彰。

6. 次卧一体化书桌设计

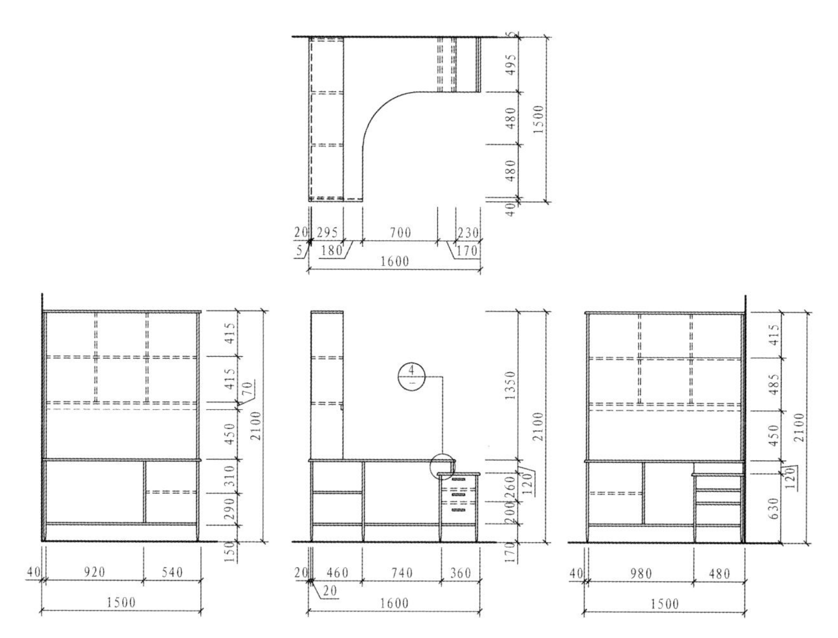

次卧一体化书桌三视图（单位：mm）

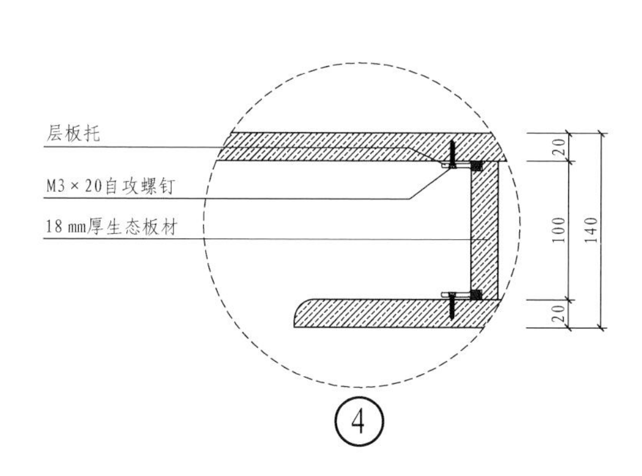

次卧一体化书桌构造详图（单位：mm）

次卧一体化书桌效果图

外观和用料仍保持自然、淳朴的风格。隐藏设计的抽屉装点了空间，使其看起来更整洁、美观。就整体而言，美式家具传达了单纯、休闲、有组织、多功能的设计思想，让家庭成为释放压力和放松心灵的净土。

7. 次卧衣柜设计

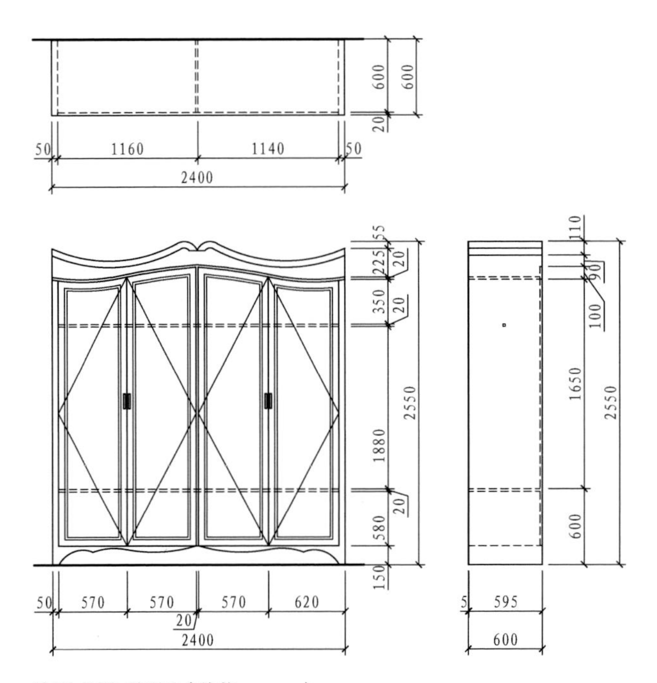

次卧衣柜三视图（单位：mm）

次卧衣柜效果图

次卧衣柜带有美式古典家具的设计元素，柜体顶部的弧形雕花设计十分大气、精致，柜脚同样是弧形元素，将整个衣柜托起。

3.8 古典欧式风格

3.8.1 古典欧式风格概念

古典欧式风格是在欧式风格的基础上增添了华丽、高雅的古典气息，此设计风格直接对欧洲建筑、家具、绘画、文学甚至音乐艺术产生了极其重大的影响。典型的古典欧式风格，以华丽的装饰、浓烈的色彩、精美的造型达到雍容华贵的装饰效果。欧式客厅顶部喜用大型灯池，并用华丽的枝形吊灯营造气氛。门窗上半部多做成圆弧形，并用带有花纹的石膏线勾边。室内有真正的壁炉或假的壁炉造型。墙面用高档壁纸或使用优质乳胶漆涂饰，以烘托豪华效果。

古典欧洲风格的家具一定要选择好的材质才能显得高档，家具款式也要力求优雅。市面上一些劣质的古典欧式风格的家具，款式僵化，特别是在边角线的处理上，一些典型细节如弧形或涡状装饰等，都显得拙劣。

欧式古典风格定制设计

古典欧式风格的全屋定制，在家具配置上，主体材质采用缅甸桦桃木，产品设计厚重凝练、线条流畅，显得高雅尊贵。在细节处雕花刻金、一丝不苟。完美的线条、精益求精的细节处理，搭配和谐，带给家人无尽的舒适触感。

3.8.2 古典欧式风格案例赏析

1. 平面与顶面布置图

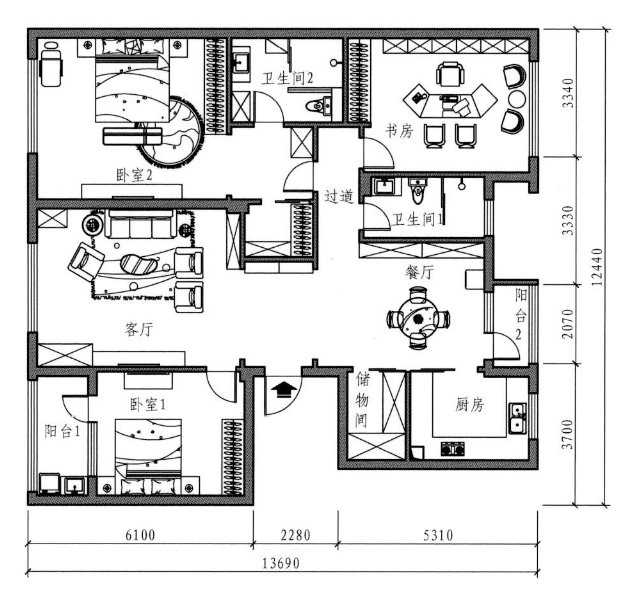

平面布置图（单位：mm）

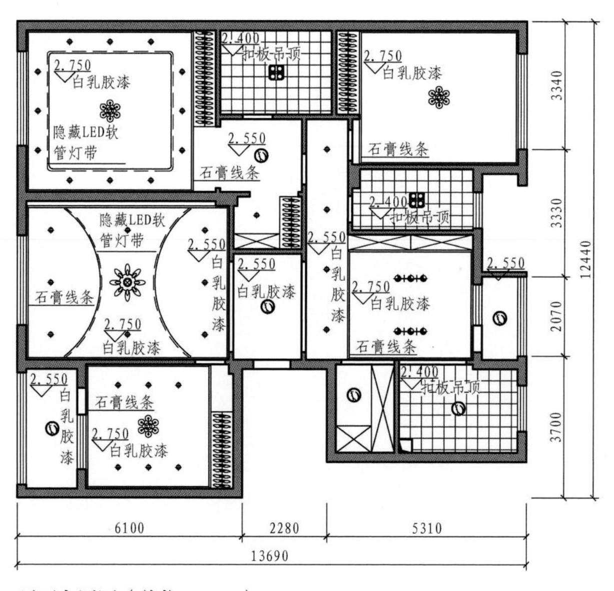

顶面布置图（单位：mm）

2. 软装与家具风格设计要素

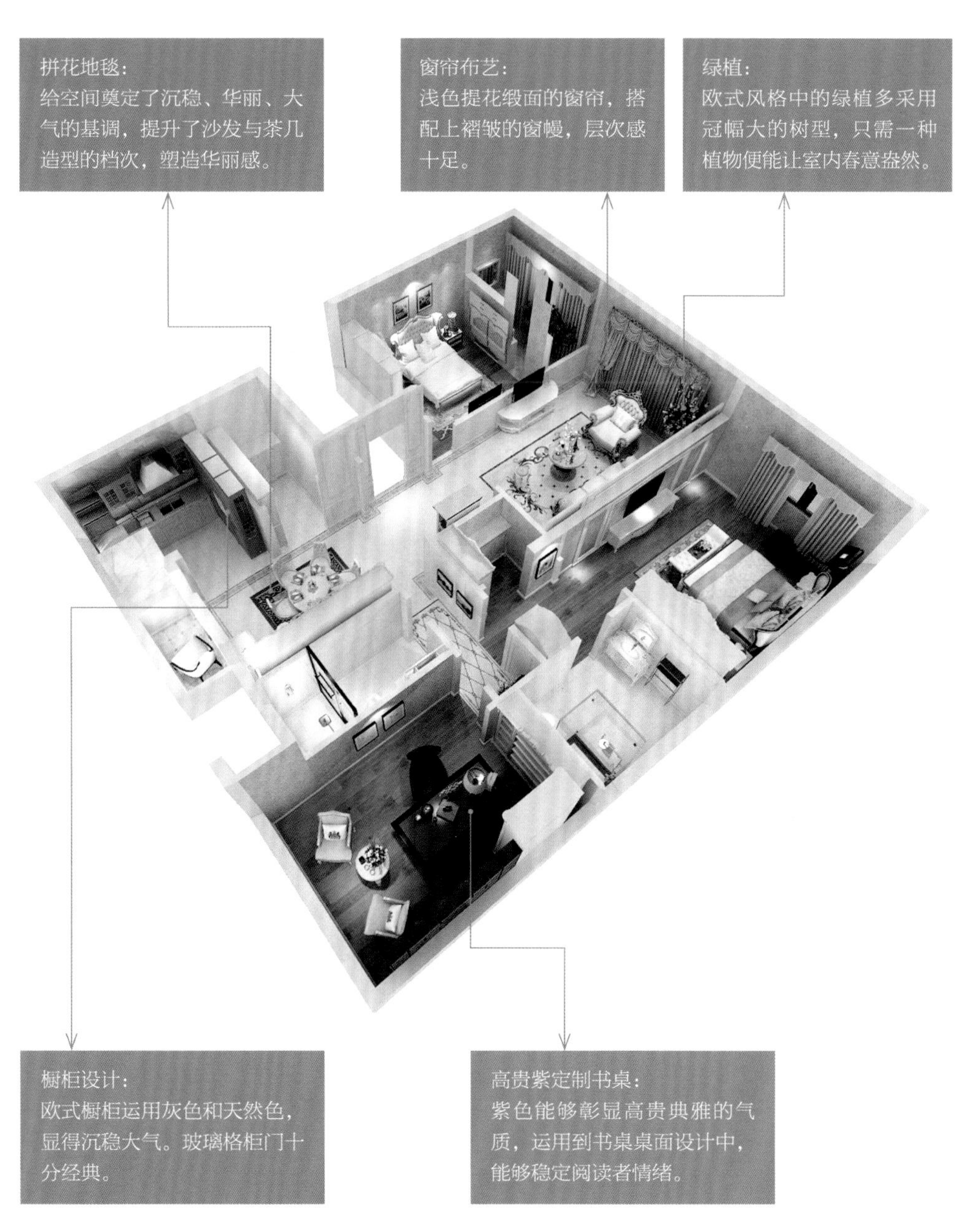

整体效果图（一）

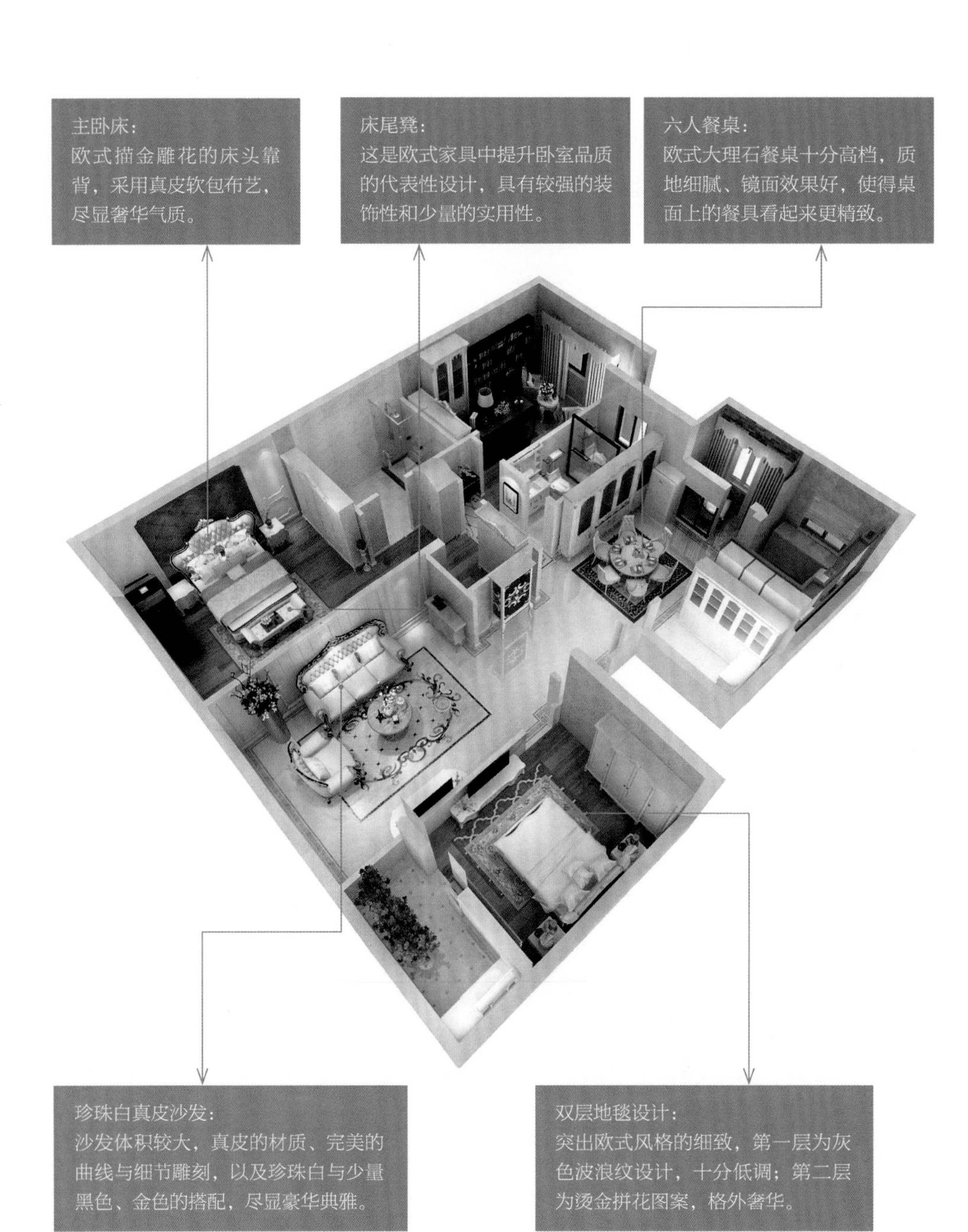
主卧床：
欧式描金雕花的床头靠背，采用真皮软包布艺，尽显奢华气质。
床尾凳：
这是欧式家具中提升卧室品质的代表性设计，具有较强的装饰性和少量的实用性。
六人餐桌：
欧式大理石餐桌十分高档，质地细腻、镜面效果好，使得桌面上的餐具看起来更精致。
珍珠白真皮沙发：
沙发体积较大，真皮的材质、完美的曲线与细节雕刻，以及珍珠白与少量黑色、金色的搭配，尽显豪华典雅。
双层地毯设计：
突出欧式风格的细致，第一层为灰色波浪纹设计，十分低调；第二层为烫金拼花图案，格外奢华。

整体效果图（二）

3. 储藏室物品柜设计

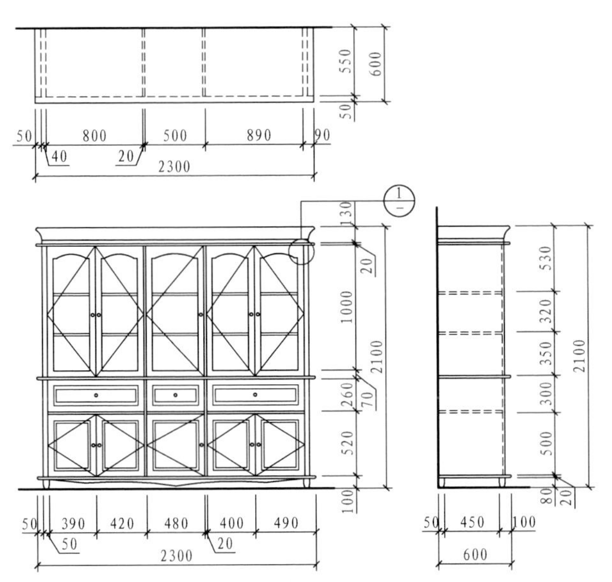

储藏室物品柜三视图（单位：mm）

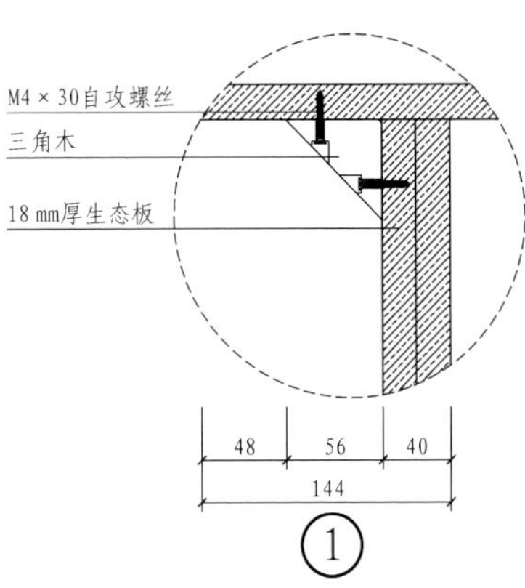

储藏室物品柜构造详图（单位：mm）

储藏室物品柜效果图

古典欧式家具造型讲究，带有浓郁的文化气息，就连储物间的物品柜也会在细节上展现出豪华感，宽大精美的家具加上金边点缀，更是瞬间提升了整体气质。

4. 书房储物柜设计

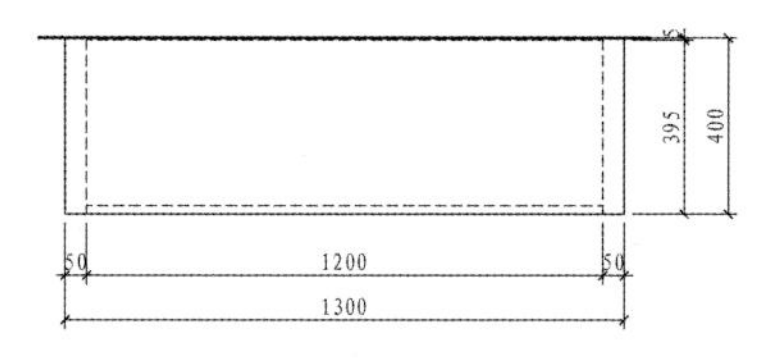

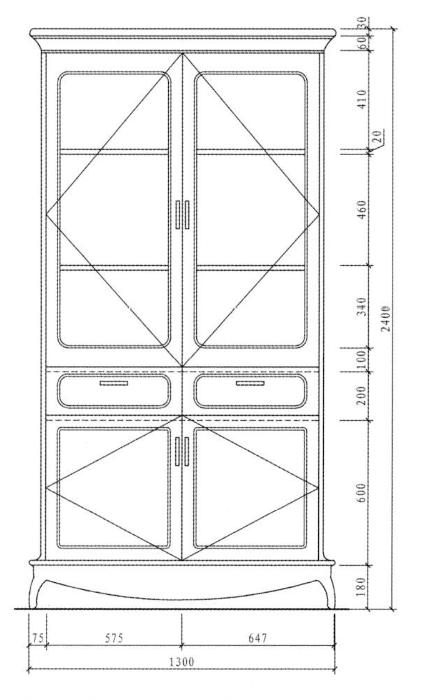

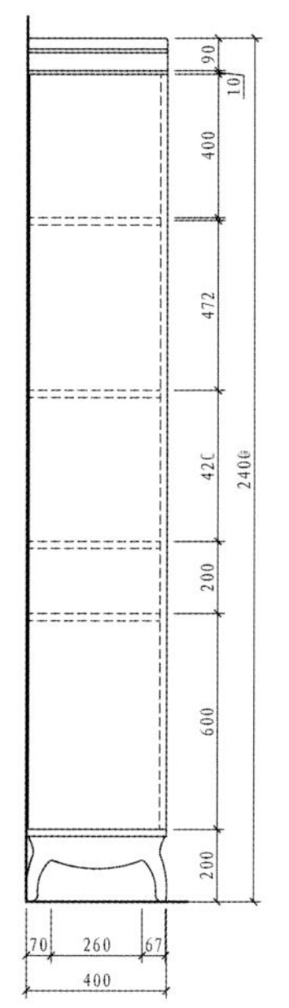

书房储物柜三视图（单位：mm）

书房储物柜效果图

书房储物柜做工精致，搭配上特有的雕刻设计进行装饰点缀，整体营造出一种华丽、高贵、温馨的感觉。

5. 餐厅酒柜设计

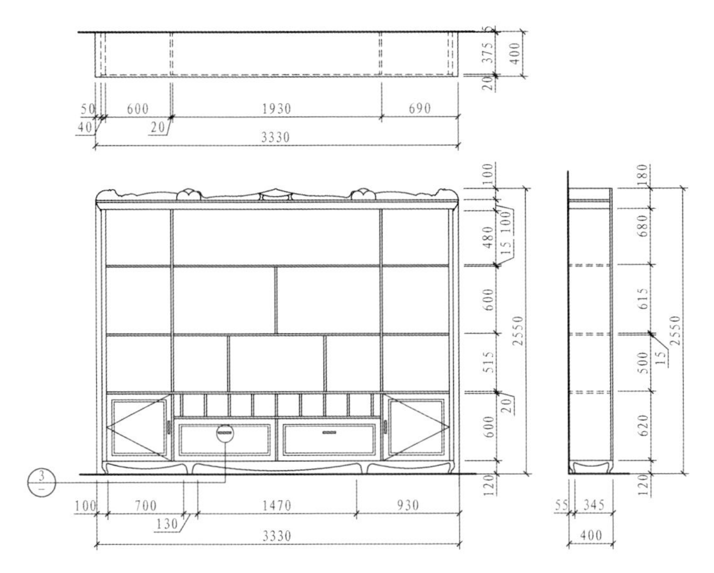

餐厅酒柜三视图（单位：mm）

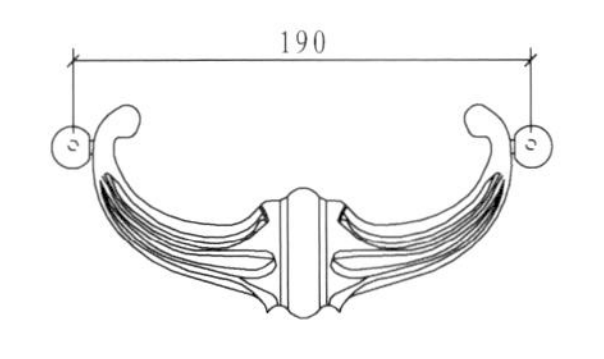

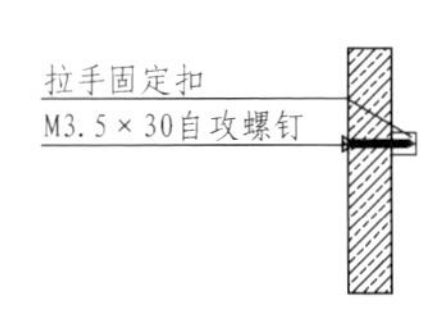

3

餐厅酒柜构造详图（单位：mm）

餐厅酒柜效果图

酒柜承载着主人的生活品质与情怀，欧式酒柜的主要特征就是大气磅礴，具有装饰精美、存储量大的优势。家具以白色为主，采用色彩跳跃性较强的金色为辅助色，家具、门窗多漆成白色，家具的线条部位饰以金线、金边，尽显豪华。

6. 主卧衣柜设计

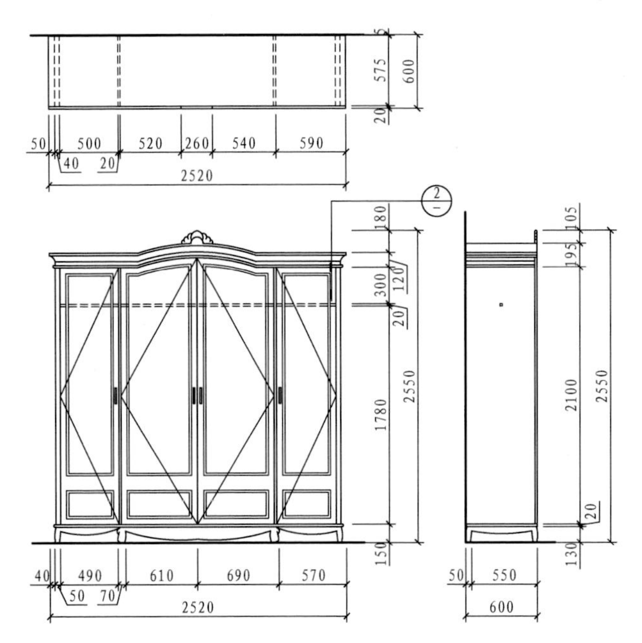

主卧衣柜 A 三视图（单位：mm）

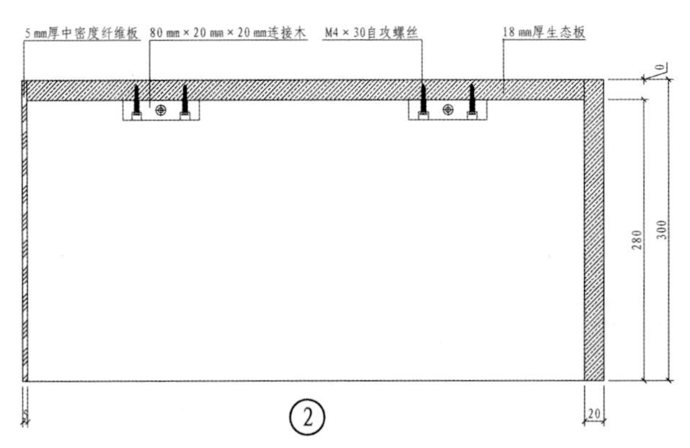

主卧衣柜 A 构造详图（单位：mm）

主卧衣柜 A 效果图

卧室的家具给人端庄典雅、高贵华丽的感觉，具有浓厚的文化气息。家具上的装饰线条刻画出曲线延绵的形态，大方典雅，让整个空间看起来韵律感十足。

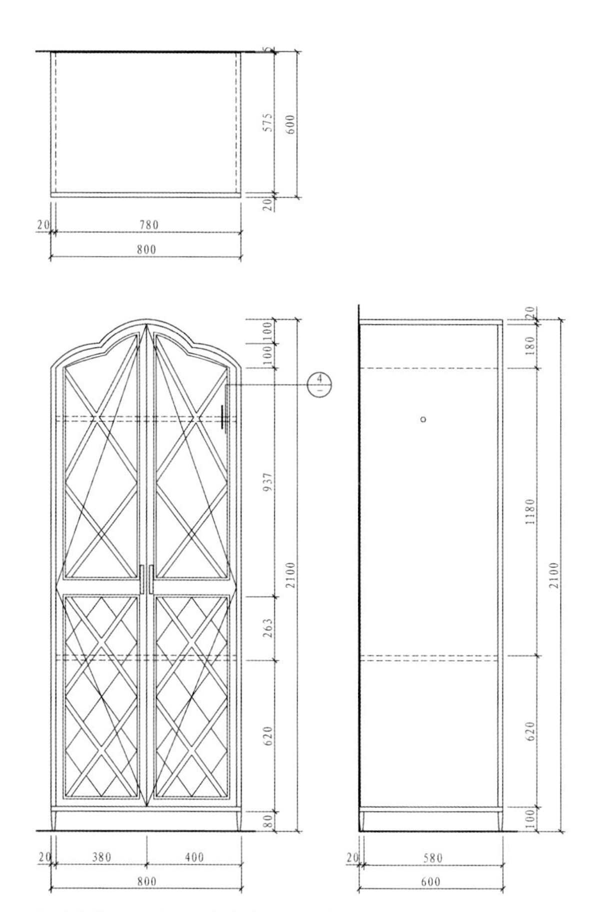

主卧衣柜 B 三视图（单位：mm）

主卧衣柜 B 效果图

纯白实木软包衣柜门没有多余的装饰，金属线条在灯光的照射下流光溢彩，十分亮眼。顶面的波浪造型设计赋予衣柜生命力，搭配磨沙金的拉手，使整个衣柜透露出低调的奢华感。

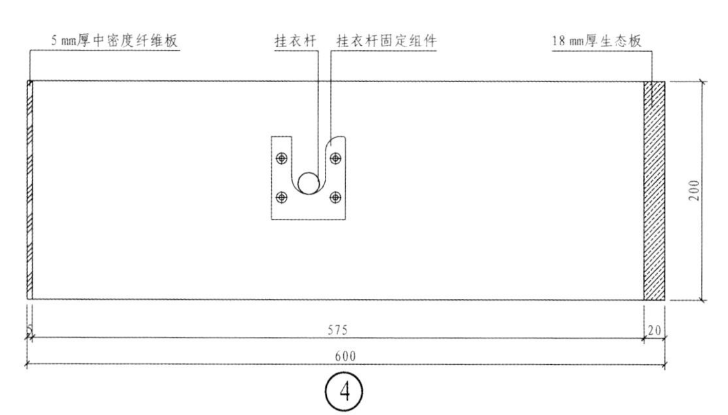

主卧衣柜 B 构造详图（单位：mm）

3.9 地中海风格

3.9.1 地中海风格概念

地中海风格是类海洋风格装修的典型代表，因富有浓郁的地中海人文风情和地域特征而得名，是最富有人文精神和艺术气质的装修风格之一。地中海风格的美，包括“海”与“天”明亮的色彩，仿佛被水冲刷过后的白墙，伴着薰衣草、玫瑰、茉莉的香气，路旁奔放的成片花田色彩，以及历史悠久的古建筑那土黄色与红褐色交织而成的强烈色彩。地中海风格的基调是明亮、大胆、色彩丰富。

地中海风格的全屋定制在设计上不需要太多技巧，只需保持简单的意念，捕捉光线，取材大自然，大胆而自由地运用色彩、样式。在选色上，一般选择逼近自然的柔和色彩。在组合设计上，注意空间搭配，充分利用每一寸空间。在家具选配上，通过擦漆做旧的处理方式，搭配贝壳、鹅卵石等，将海洋元素应用到家居设计中，给人自然浪漫的感觉，表现出自然清新的生活氛围。在造型上，广泛运用拱与半拱门，在视觉上给人延伸感与透视感。

地中海风格定制设计

地中海风格一般选用自然的原木、石材等，营造浪漫自然的空间氛围。巧妙的空间搭配，使客厅不显局促、不失大气，营造开放式的自由空间。在软装设计上集装饰与应用于一体，在家具设计上避免琐碎，显得大方、自然。

3.9.2 地中海风格案例赏析

这是一套内部面积约为 55 m^2 的户型，包含客餐厅、厨房、卫生间各一间，卧室两间，过道、阳台各一处。这套小户型整体格局不错，客餐厅面积也比较大，不足之处便是厨房与卫生间的面积过于狭小，不便于日常生活。对全屋定制的设计要求是能有更大的采光空间和存储空间。

1. 平面与顶面布置图

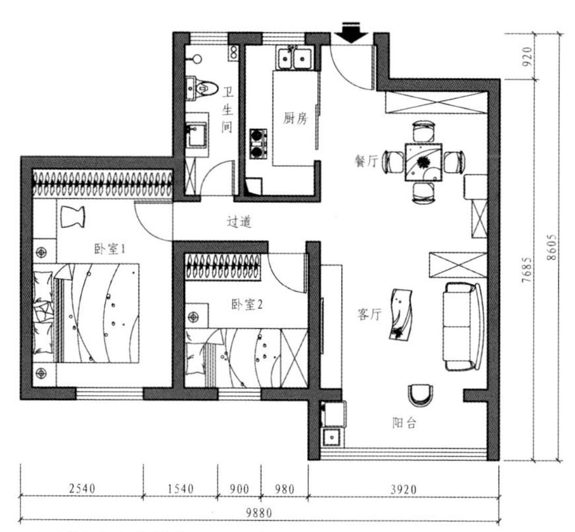

平面布置图（单位：mm）

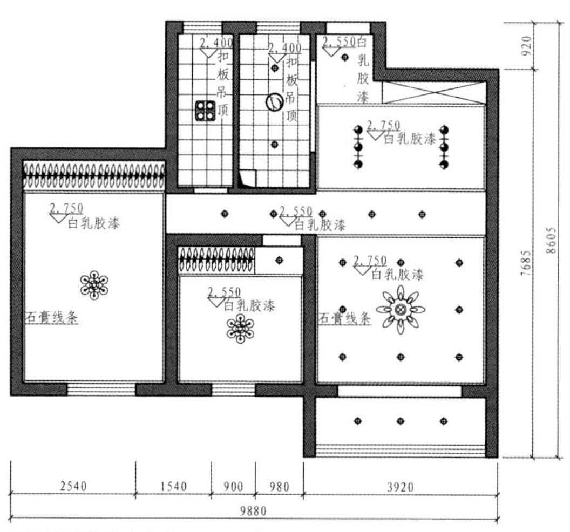

顶面布置图（单位：mm）

2. 软装与家具风格设计要素

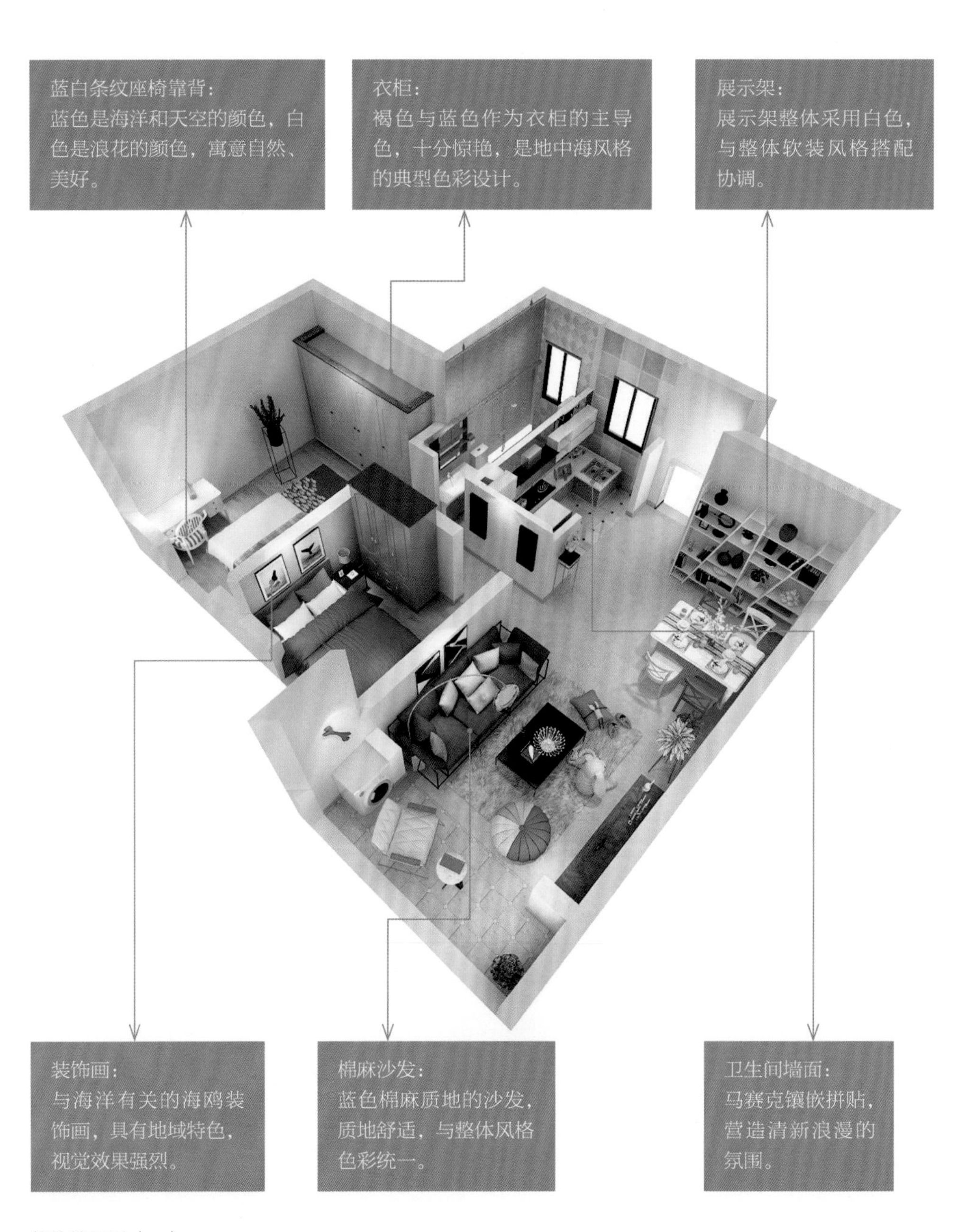

整体效果图（一）

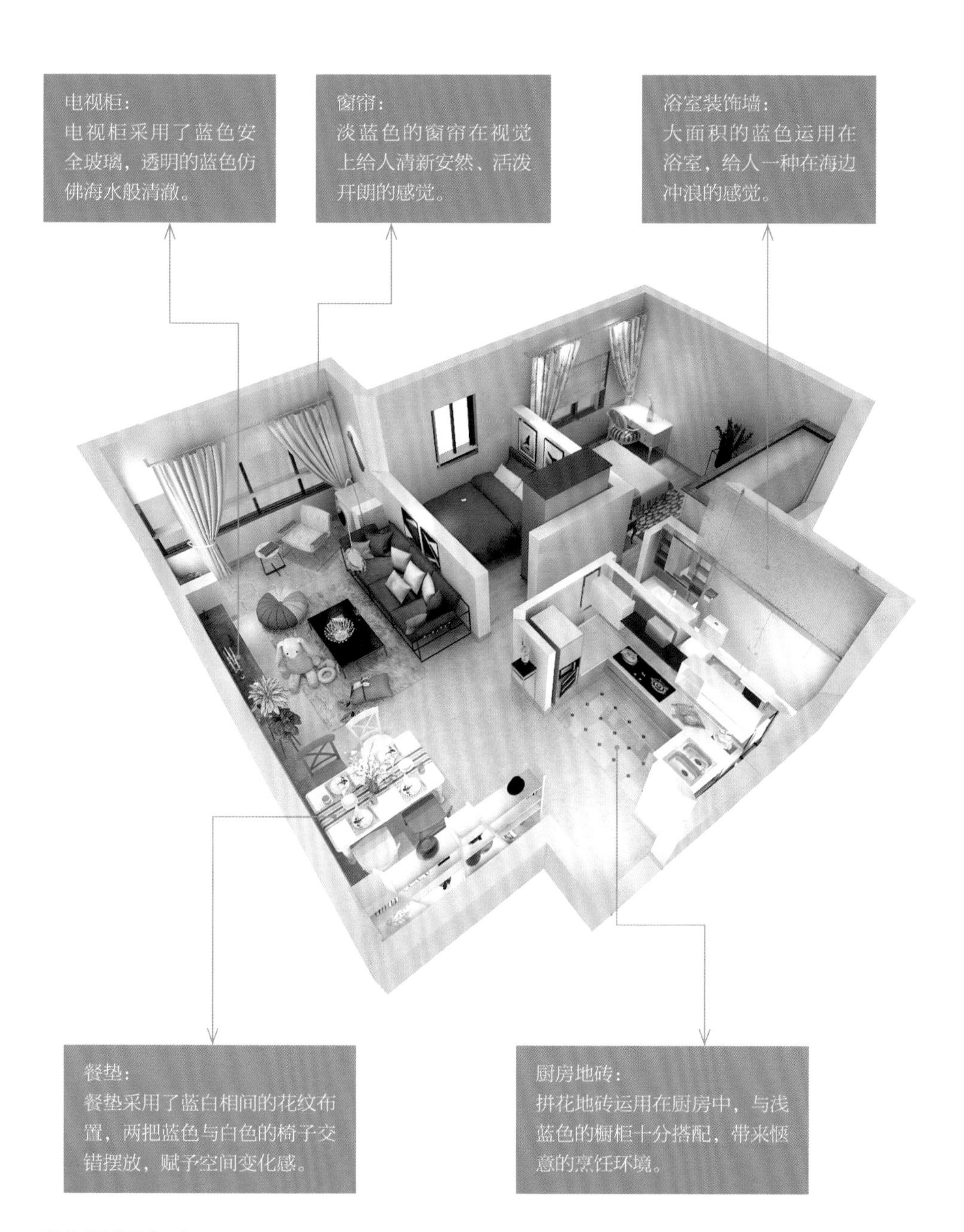
电视柜：
电视柜采用了蓝色安全玻璃，透明的蓝色仿佛海水般清澈。
窗帘：
淡蓝色的窗帘在视觉上给人清新安然、活泼开朗的感觉。
浴室装饰墙：
大面积的蓝色运用在浴室，给人一种在海边冲浪的感觉。
餐垫：
餐垫采用了蓝白相间的花纹布置，两把蓝色与白色的椅子交错摆放，赋予空间变化感。
厨房地砖：
拼花地砖运用在厨房中，与浅蓝色的橱柜十分搭配，带来惬意的烹饪环境。

整体效果图（二）

3. 餐厅展示架设计

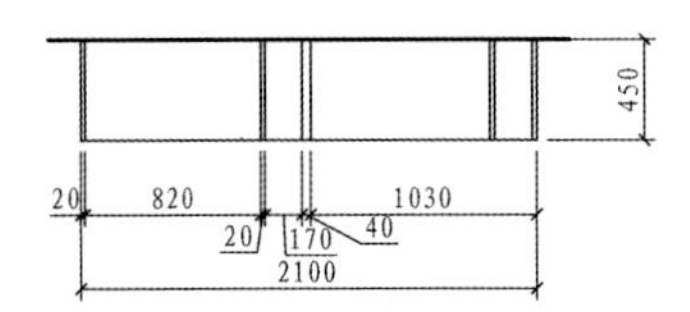

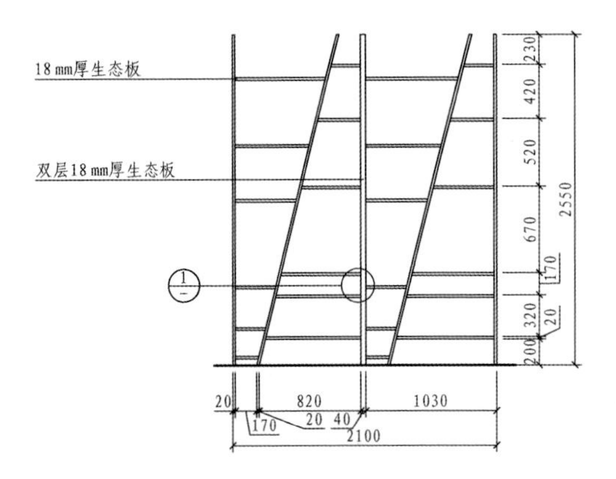

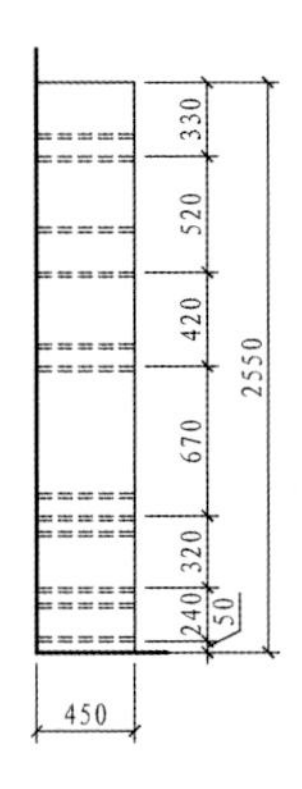

餐厅展示架三视图（单位：mm）

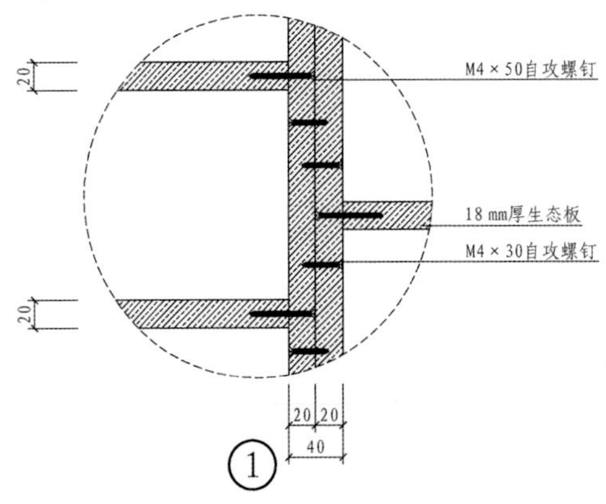

餐厅展示架构造详图（单位：mm）

餐厅展示架效果图

从造型上来看，展示架采用了斜向拼接的手法，规整中带着一丝调皮的气息，相较于传统的横平竖直的展示架，多了一分活泼的感觉，在视觉上有倾斜感，实际上却十分稳固。不同的装饰品可以按照格架的大小来选择摆放的位置。

4. 卧室衣柜设计

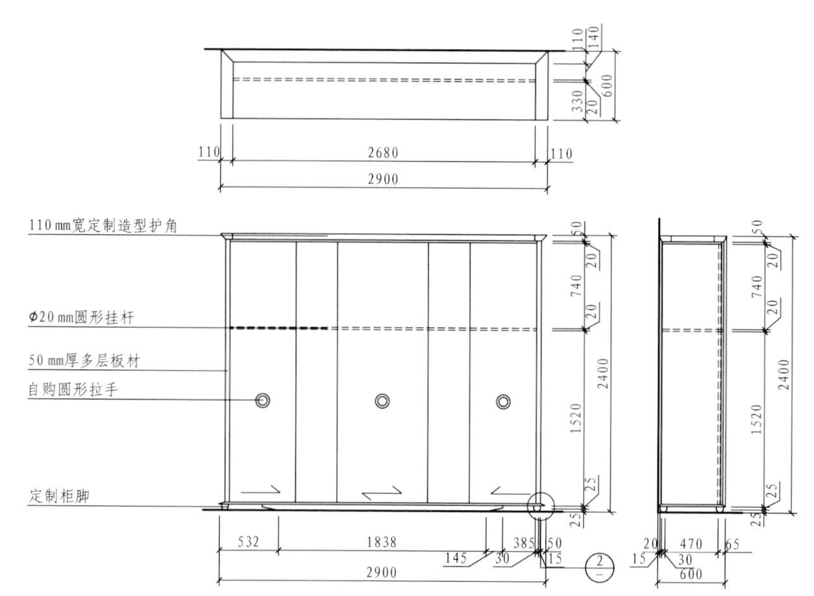

卧室衣柜三视图（单位：mm）

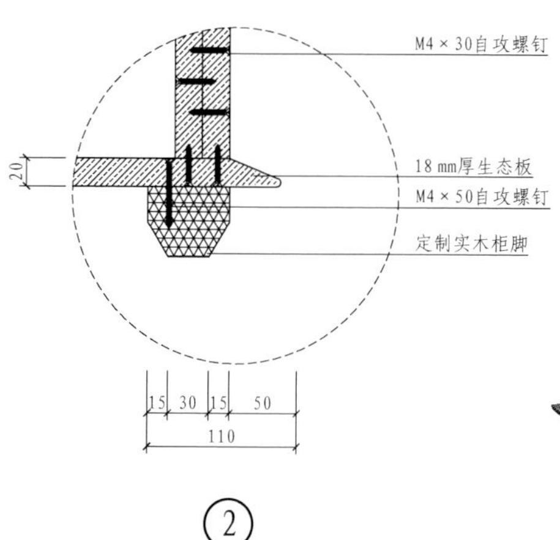

卧室衣柜构造详图（单位：mm）

卧室衣柜效果图

原木色与蓝色的结合，在地中海风格中十分常见。原木透露出自然古朴的气息。富有流动感及梦幻色彩的线条，表达出地中海风格的浪漫情怀。蓝色衣柜摒弃了刻意的装饰，在柜门等组合搭配上十分简洁，显得大方、有气质。

5. 厨房橱柜设计

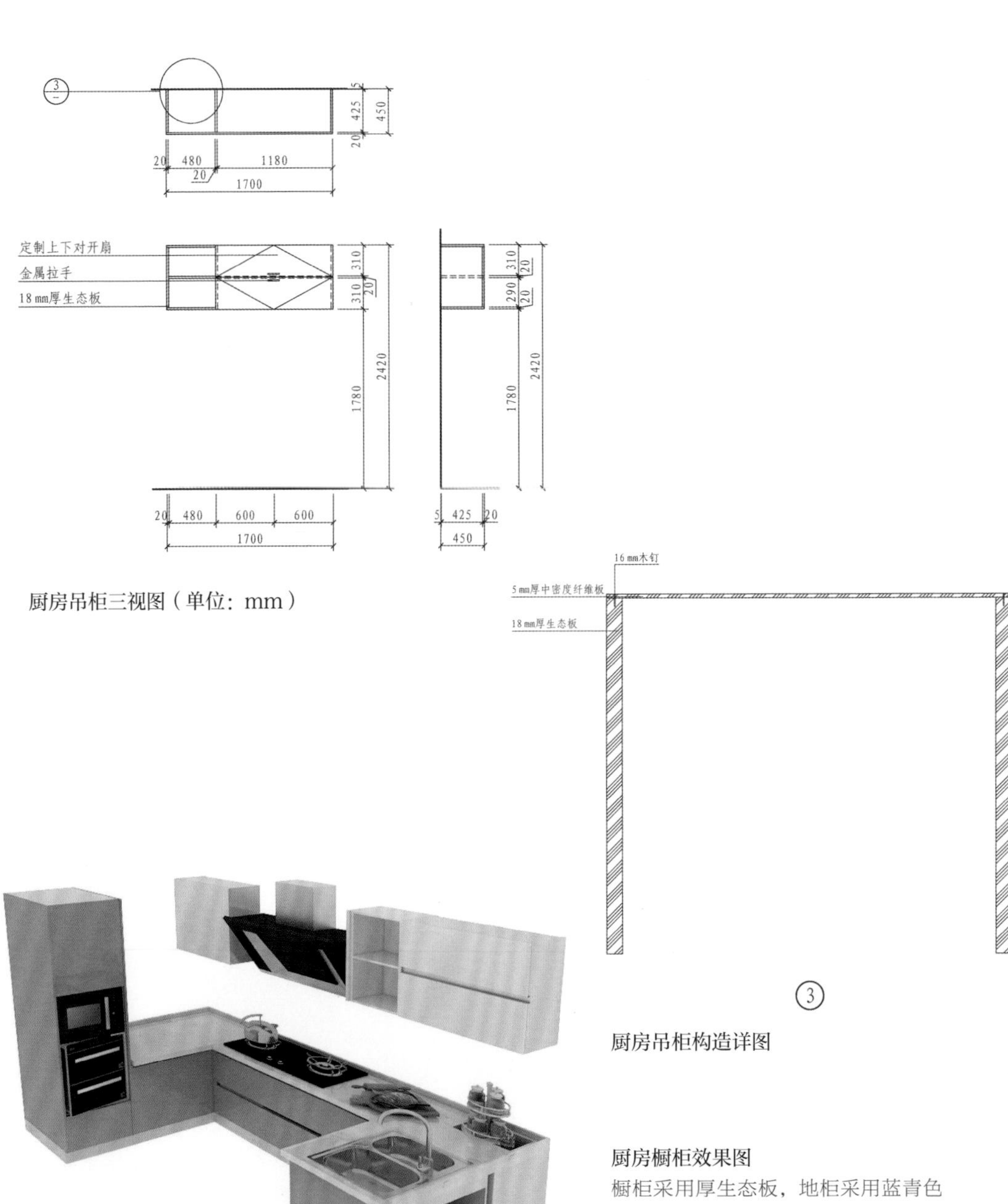

厨房吊柜三视图（单位：mm）

厨房吊柜构造详图

厨房橱柜效果图

橱柜采用厚生态板，地柜采用蓝青色的门板，显得稳重大方；吊柜则采用了白色的门板，浅色的吊柜会给人以轻盈的感觉，避免了吊柜过高所产生的视觉压力。

3.10 东南亚风格

3.10.1 东南亚风格概念

东南亚风格是一种结合了东南亚岛屿特色及精致文化品位的家居设计风格，多适宜喜欢静谧与雅致、奔放与脱俗的装修业主。东南亚风格在设计中广泛地运用木材和其他天然原材料，如藤条、竹子、石材、青铜和黄铜，家具多为深木色，局部常用一些金色的壁纸、丝绸质感的布料以及变化的灯光，体现稳重及豪华感。

在东南亚风格的全屋定制家居中，最抢眼的装饰莫过于绚丽的泰抱枕。由于东南亚地处热带，气候闷热潮湿，为了避免空间的沉闷压抑，常用夸张艳丽的色彩来冲破视觉上的沉闷。斑斓的色彩其实就是大自然的色彩，让室内色彩回归自然是东南亚家居的一大特色。

东南亚风格定制设计

在设计家具和墙面饰面时，经常将泰柚作为表面的贴皮，以增加东南亚风格的视觉感。由于东南亚处于热带地区，气候炎热，棉麻和柔纱的窗帘布艺十分常见，柔纱有着若隐若现的感觉，风吹过时缓缓飘起，给人一种清风徐来的自然且浪漫的感受。这种视觉、触觉上的感受，在室内空间中特别能增强人们对环境的适应。

3.10.2 东南亚风格案例赏析

1. 平面与顶面布置图

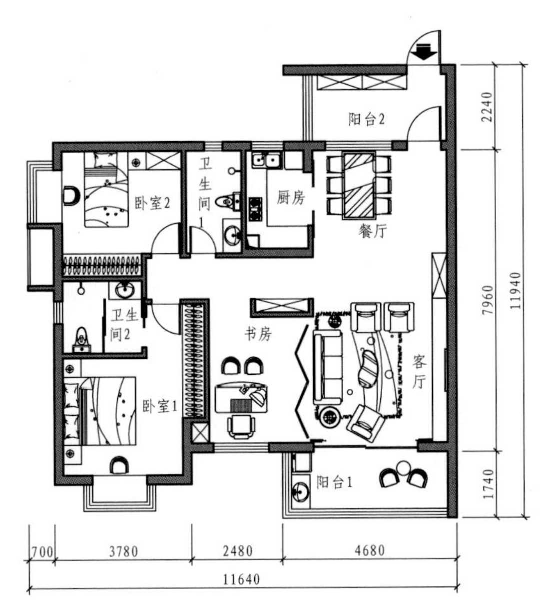

面布置图（单位：mm）

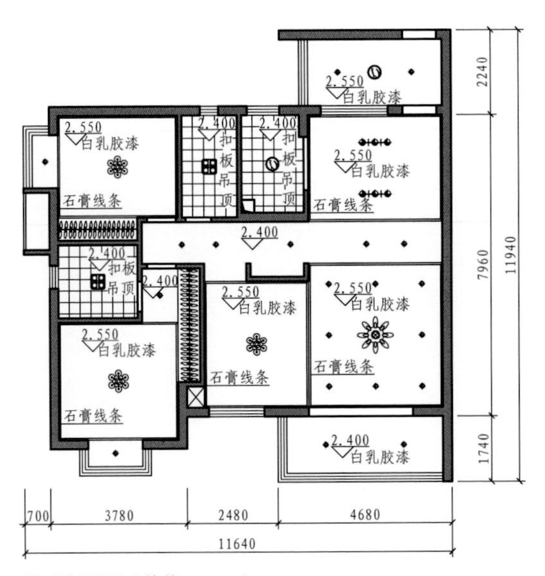

顶面布置图（单位：mm）

2. 软装与家具风格设计要素

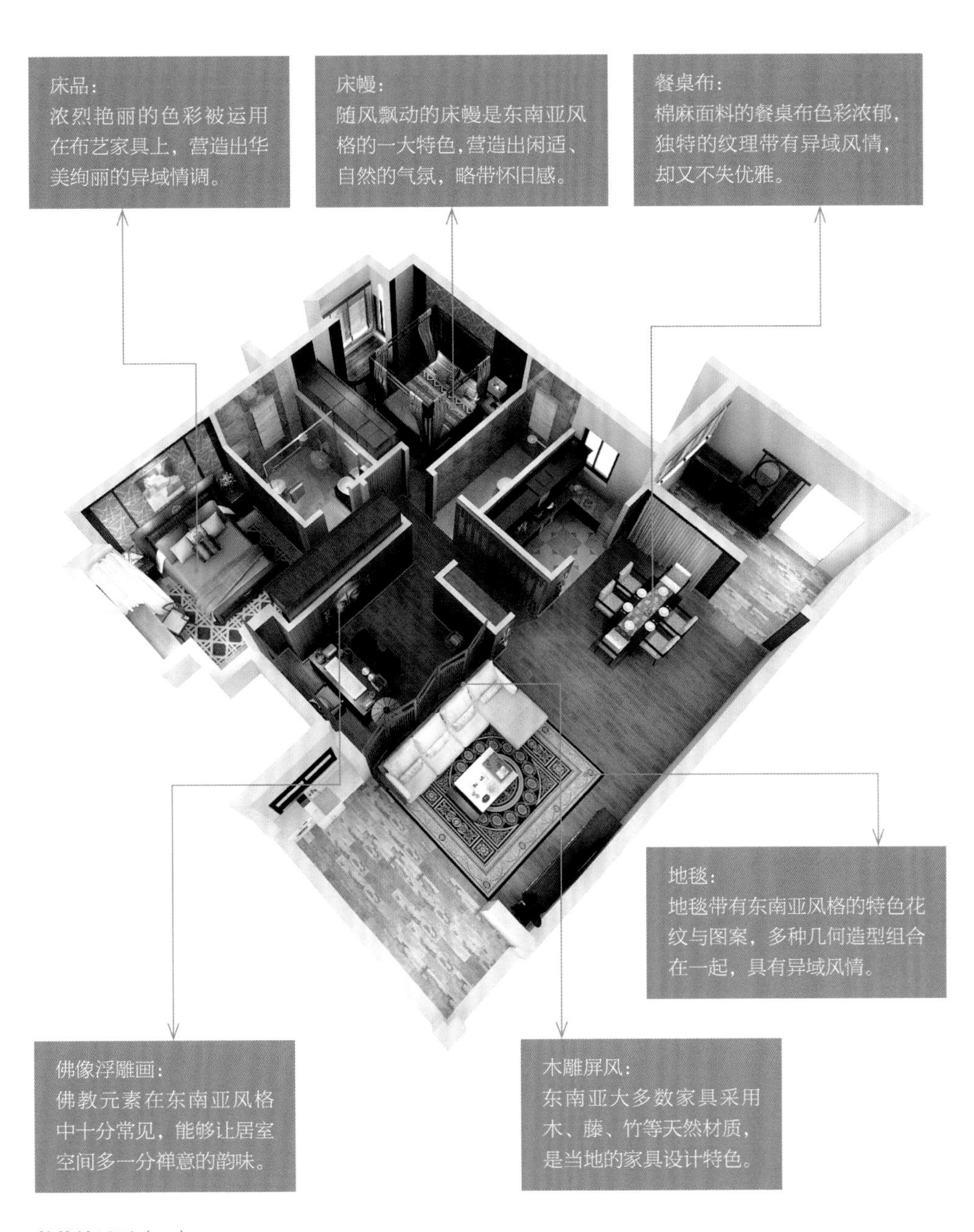

整体效果图（一）

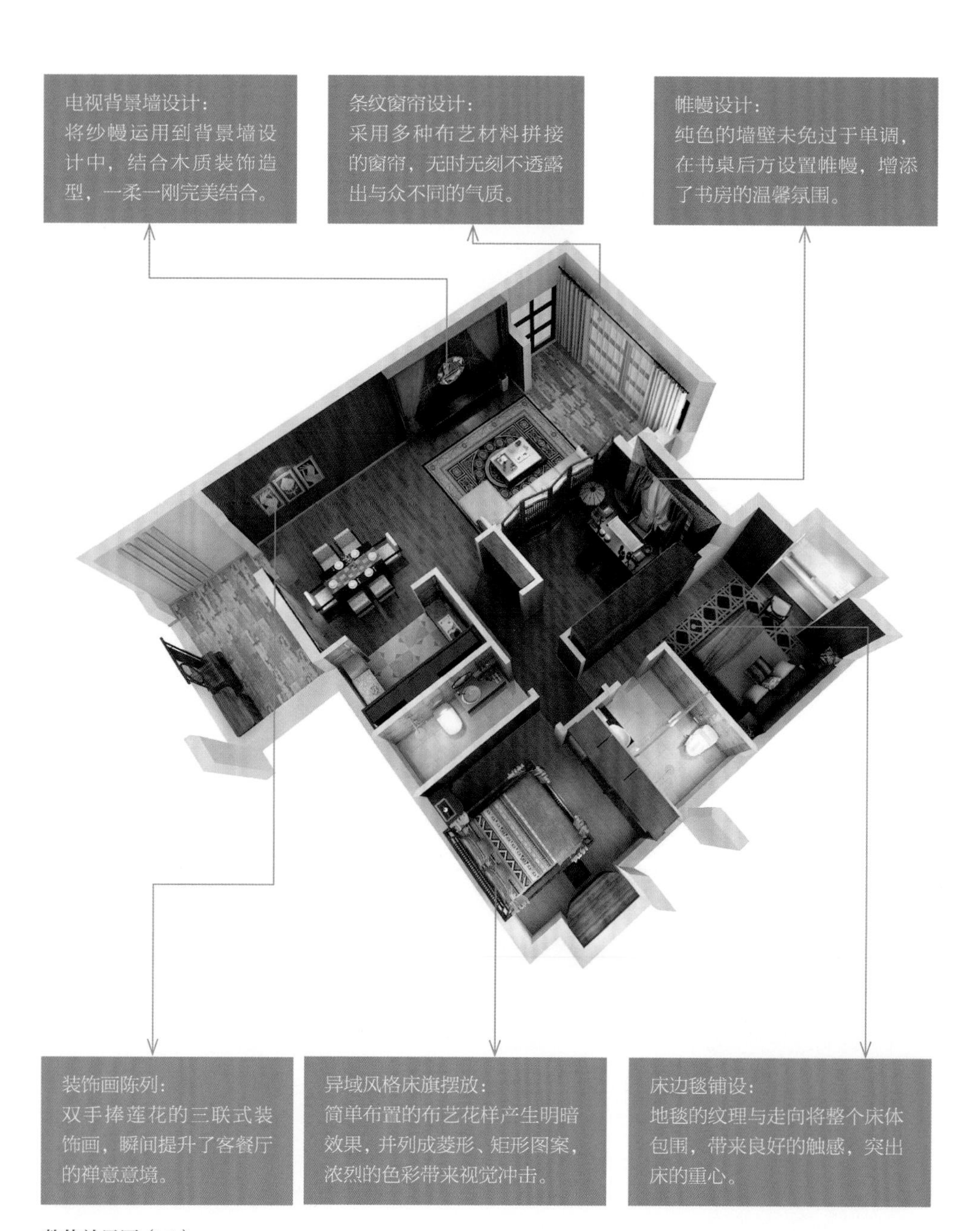
电视背景墙设计：
将纱幔运用到背景墙设计中，结合木质装饰造型，一柔一刚完美结合。
条纹窗帘设计：
采用多种布艺材料拼接的窗帘，无时无刻不透露出与众不同的气质。
帷幔设计：
纯色的墙壁未免过于单调，在书桌后方设置帷幔，增添了书房的温馨氛围。
装饰画陈列：
双手捧莲花的三联式装饰画，瞬间提升了客餐厅的禅意意境。
异域风格床旗摆放：
简单布置的布艺花样产生明暗效果，并列成菱形、矩形图案，浓烈的色彩带来视觉冲击。
床边毯铺设：
地毯的纹理与走向将整个床体包围，带来良好的触感，突出床的重心。

整体效果图（二）

3. 餐厅酒柜设计方案

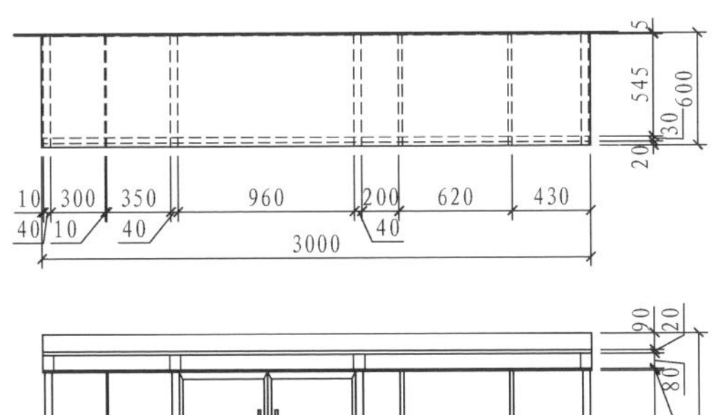

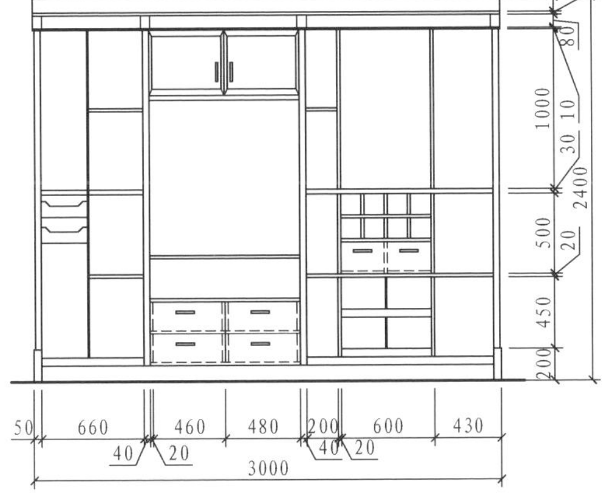

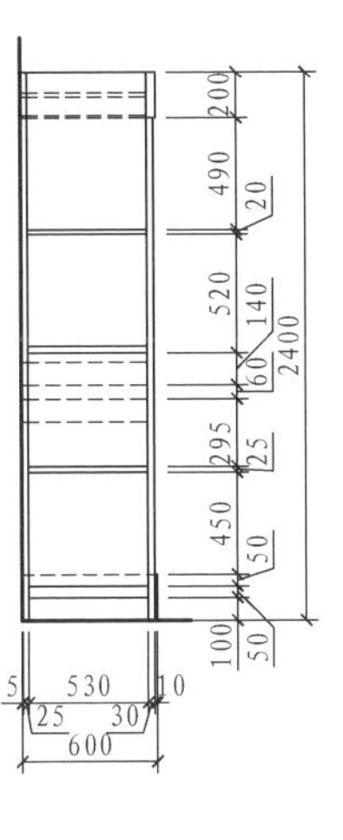

餐厅酒柜三视图（单位：mm）

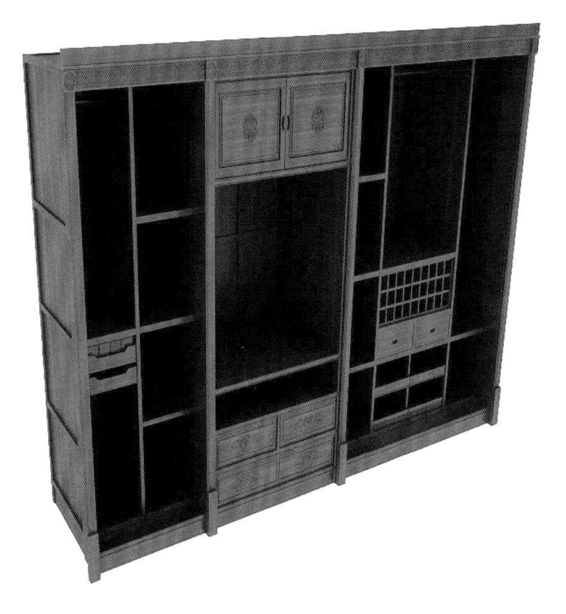

餐厅酒柜效果图

东南亚风格家具最常见的材质之一是实木，将家具包括饰品的颜色控制在棕色或咖啡色系范围内，再用白色全面调和，是最安全又省心的聪明做法。家具的样式应大气、明朗，避免压抑感。竹材质的家具会使居室显得自然古朴，营造出仿佛沐浴着阳光雨露般的舒畅感觉。东南亚家具只在表面涂饰一层清漆，从而保持家具的原始色彩。在选择东南亚家具时，应注意避免天然材质自身的厚重可能带来的压迫感。

4. 入户玄关柜设计

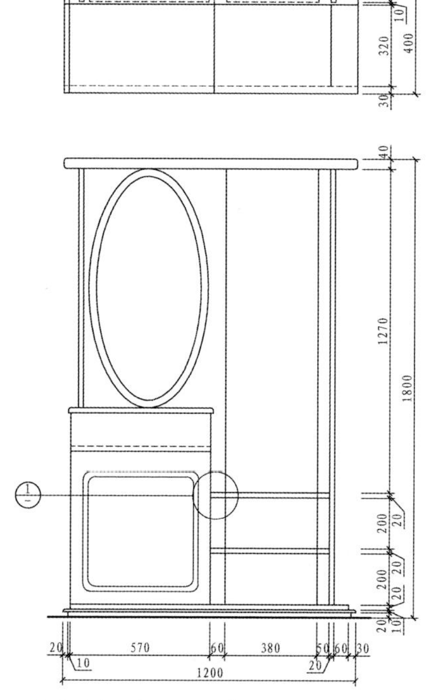

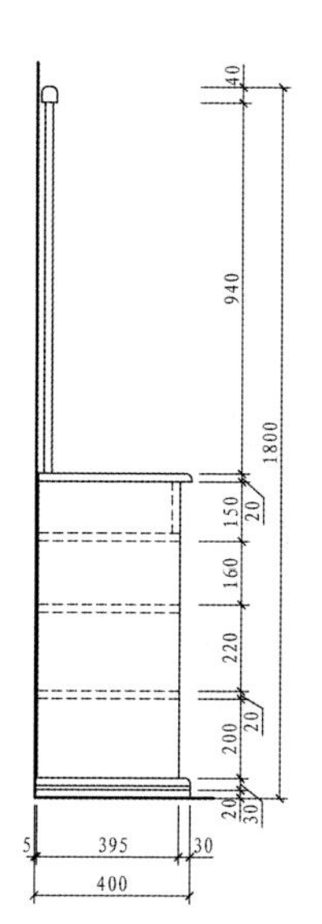

入户玄关柜三视图（单位：mm）

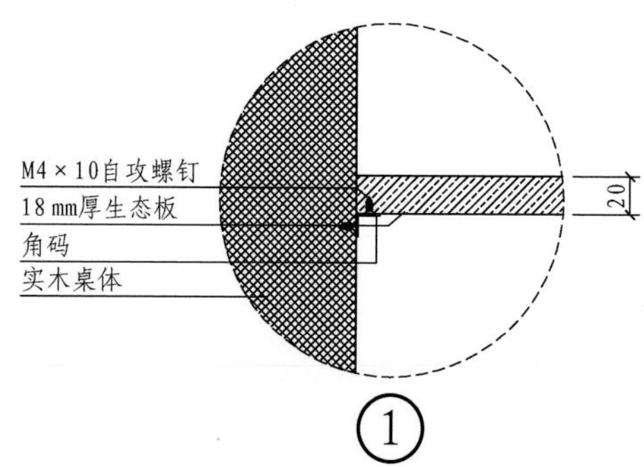

入户玄关柜构造详图（单位：mm）

入户玄关柜效果图

东南亚风格的家具有着简单的外观和牢固的结构。虽然玄关鞋柜外表看起来没有多余的装饰与雕刻的痕迹，但在细微之处体现出舒适的感觉。榫卯结构的家具在设计上融入了西式现代观念与东方传统文化，在保留自身特色的同时又产生丰富的变化。从玄关鞋柜中不难看出，设计中带有中式元素，这是由于东南亚华人较多，受到一定的中国传统家具文化的影响。

5. 玄关矮柜设计

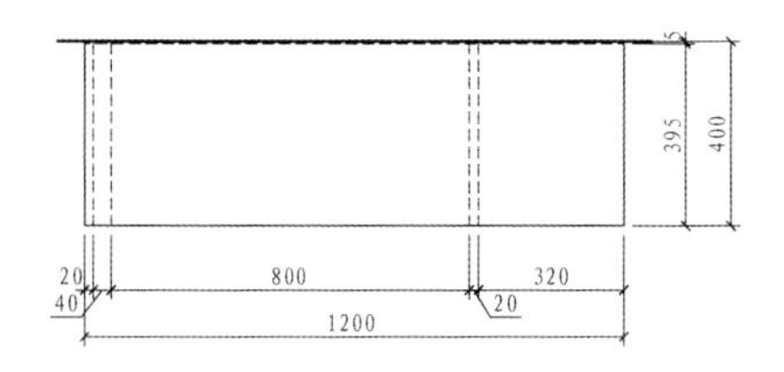

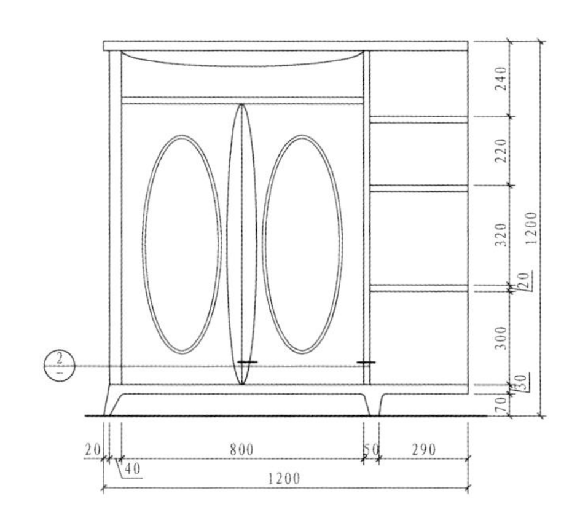

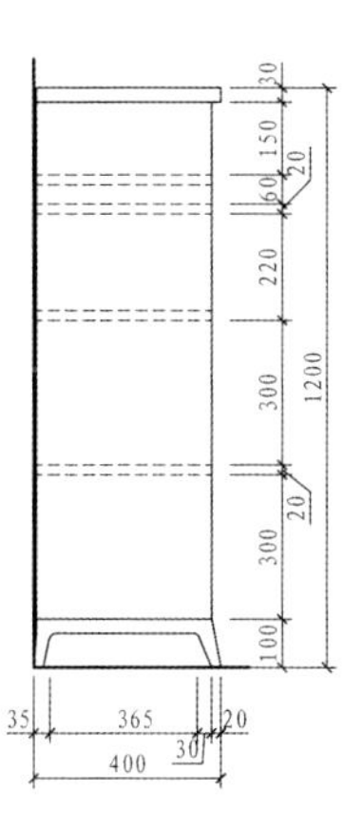

玄关矮柜三视图（单位：mm）

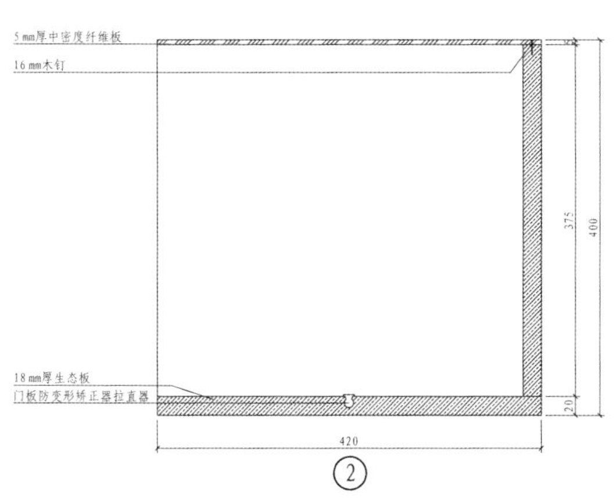

玄关矮柜构造详图（单位：mm）

玄关矮柜效果图

由于家具大多是纯手工编制而成的，因此能够保留天然材质原汁原味的质感。同时，手工制作不易复刻，纯手工的家具从诞生之日起就是独一无二的，不带一丝工业化的痕迹，纯朴的味道尤其浓厚。这样的家具在视觉上给人以泥土般质朴的气息，在工艺上则注重手工工艺而拒绝同质的精神，颇为符合时下人们所追求的生活理念。

3.11 工业风格

3.11.1 工业风格概念

工业风格源自美国，也就是我们常说的 Loft 风格。它在 20 世纪后期，成为一种席卷全球的艺术时尚，逐渐演化为一种时尚的居住与生活方式。工业风格诞生在商业市场内，裸仓库和类似结构成为新的商店、办公室、餐厅，甚至是公寓。这种装修风格极具个性，十分前卫，表达出一种无拘无束的生活状态，受到年轻人的喜爱与追捧。

工业风格的全屋定制在装饰色彩上主要采用黑白灰或红色系，黑色给人神秘冷酷的感觉，白色给人优雅静谧的感觉。若白色和黑色混合搭配，则会在层次上出现更多的变化，呈现出果敢任性的工业风格。

工业风格定制设计

工业风格在设计中强调精简基础设施，比如随处可见的未经粉饰的墙面、柱子，出现频率较高的裸露的金属管道或者下水道等，搭配简单、粗犷的家具，组成工业风格家装的视觉元素。

3.11.2 工业风格案例赏析

1. 平面与顶面布置图

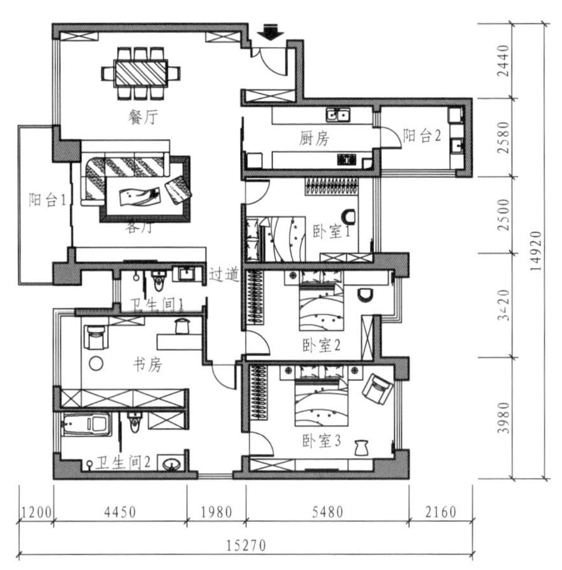

平面布置图（单位：mm）

顶面布置图（单位：mm）

2. 软装与家具风格设计要素

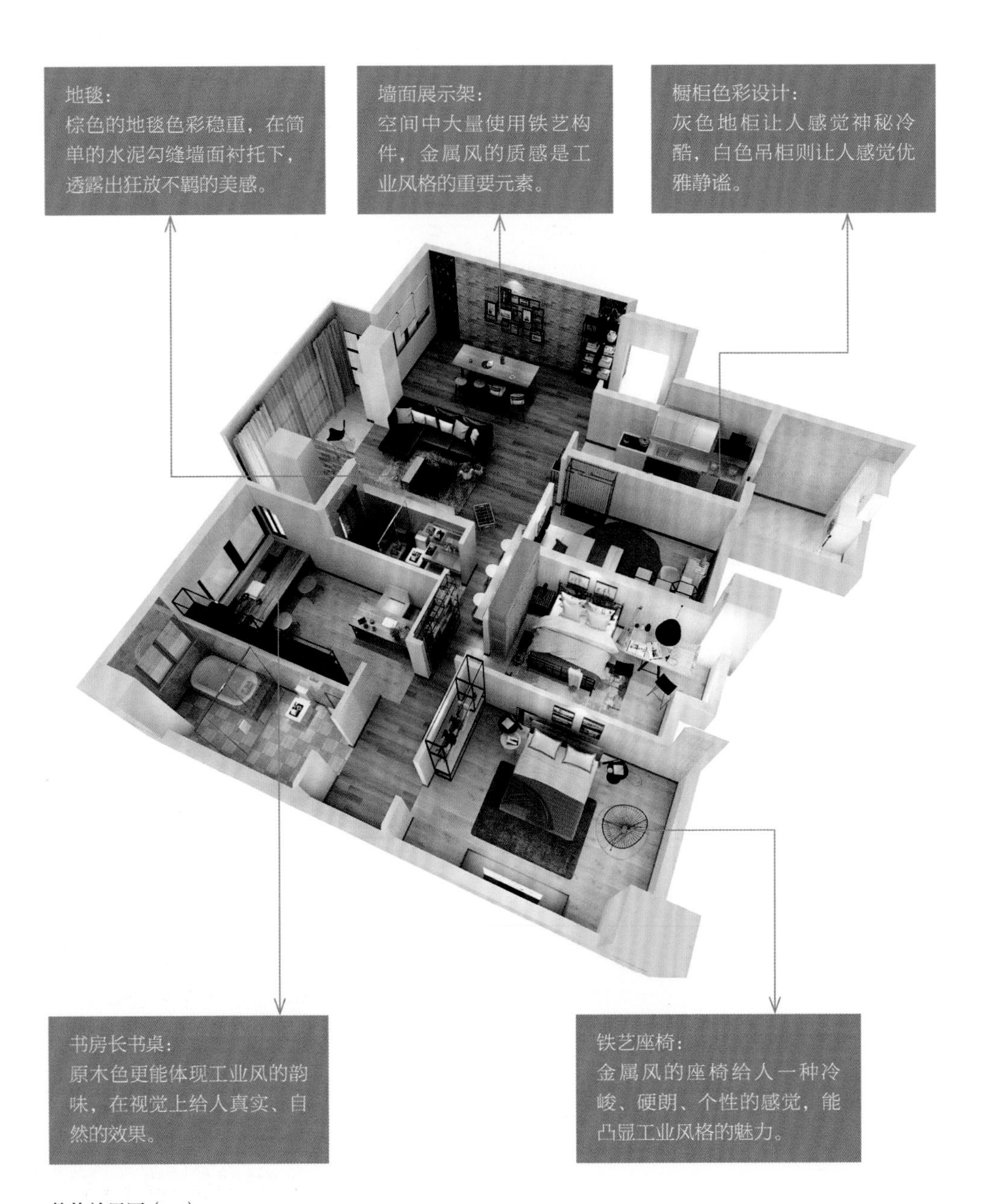

整体效果图（一）

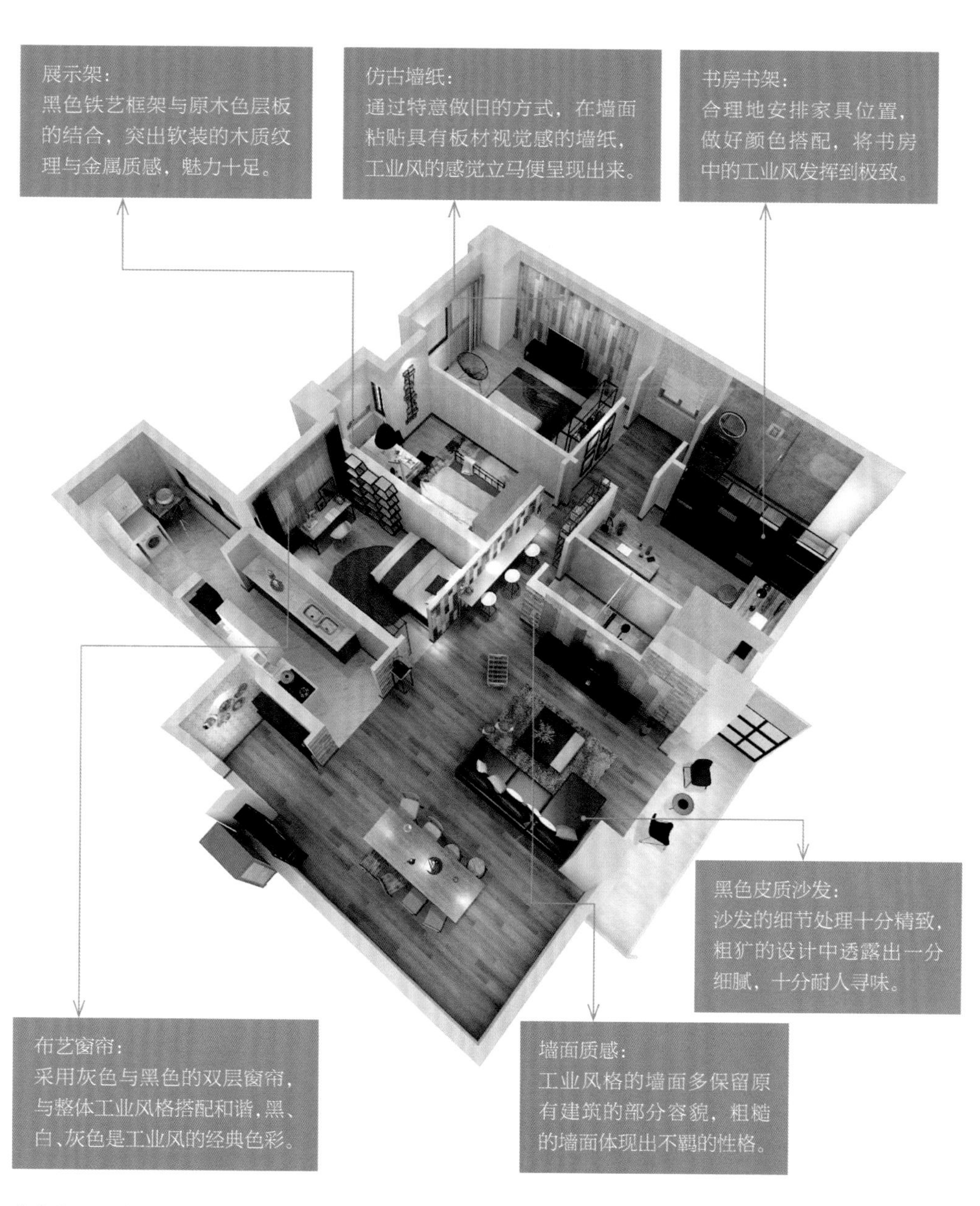
展示架：
黑色铁艺框架与原木色层板的结合，突出软装的木质纹理与金属质感，魅力十足。
仿古墙纸：
通过特意做旧的方式，在墙面粘贴具有板材视觉感的墙纸，工业风的感觉立马便呈现出来。
书房书架：
合理地安排家具位置，做好颜色搭配，将书房中的工业风发挥到极致。
黑色皮质沙发：
沙发的细节处理十分精致，粗犷的设计中透露出一分细腻，十分耐人寻味。
布艺窗帘：
采用灰色与黑色的双层窗帘，与整体工业风格搭配和谐，黑、白、灰色是工业风的经典色彩。
墙面质感：
工业风格的墙面多保留原有建筑的部分容貌，粗糙的墙面体现出不羁的性格。

整体效果图（二）

3. 书房书架设计

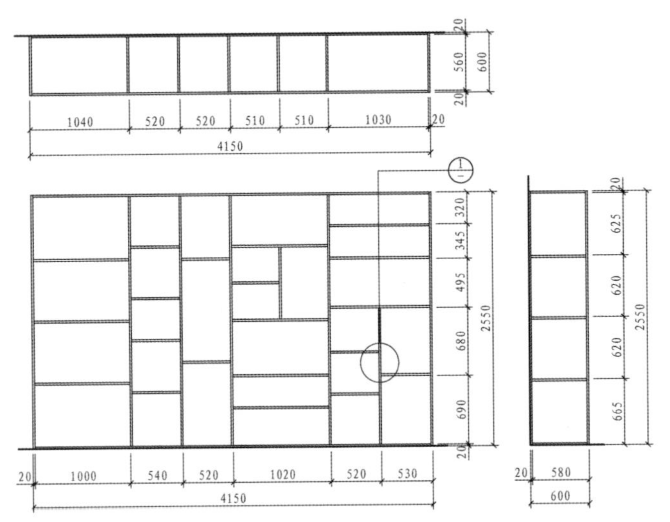

书房书架三视图（单位：mm）

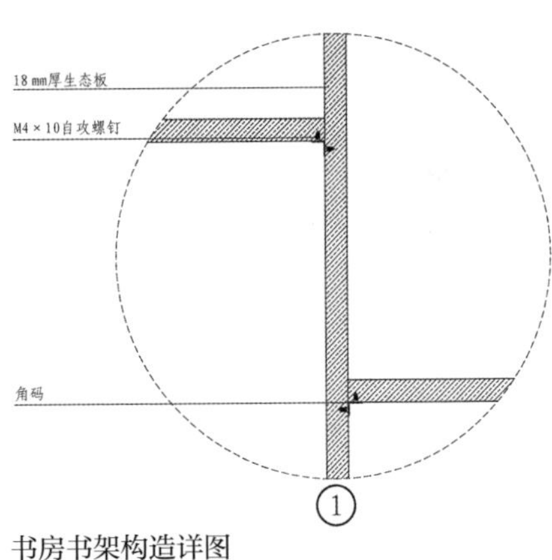

书房书架构造详图

书房书架效果图

铁艺看起来粗犷坚韧，与工业风格的整体设计相符，但如果在空间中大量使用铁艺，则会让人产生冰冷感与疏远感。因此，在书房书架中，可以采用布艺、木质品来中和铁艺的冰冷感，即使是同色不同材质的装饰，也能起到一定的缓解作用。

4. 卧室简易衣柜设计

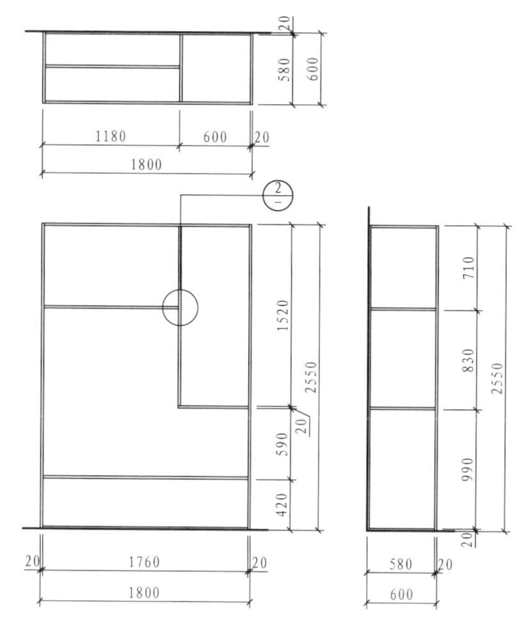

卧室简易衣柜三视图（单位：mm）

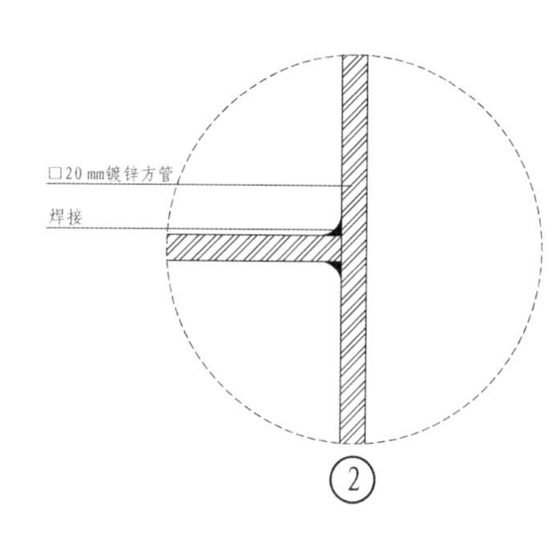

卧室简易衣柜构造详图

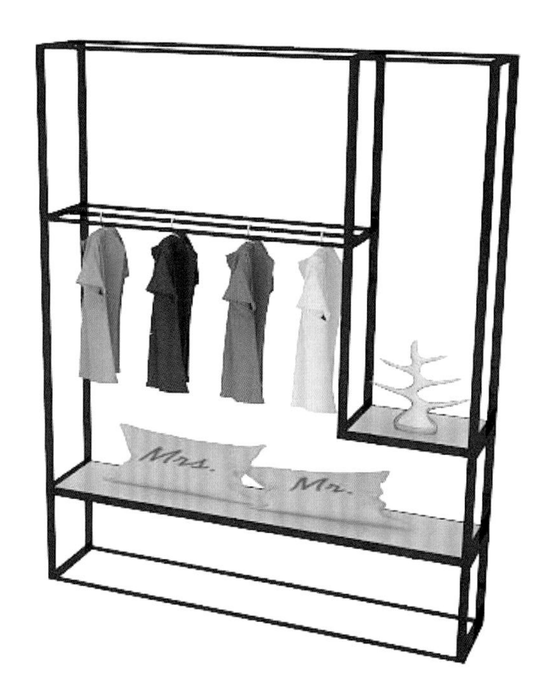

卧室简易衣柜效果图

实木打造的层板配上铁材支撑框架，复古做旧的工艺展现出浓郁的工业风格调。这不仅是一个开放式衣柜，更是一件不可忽视的装饰品。

5. 厨房储物架设计

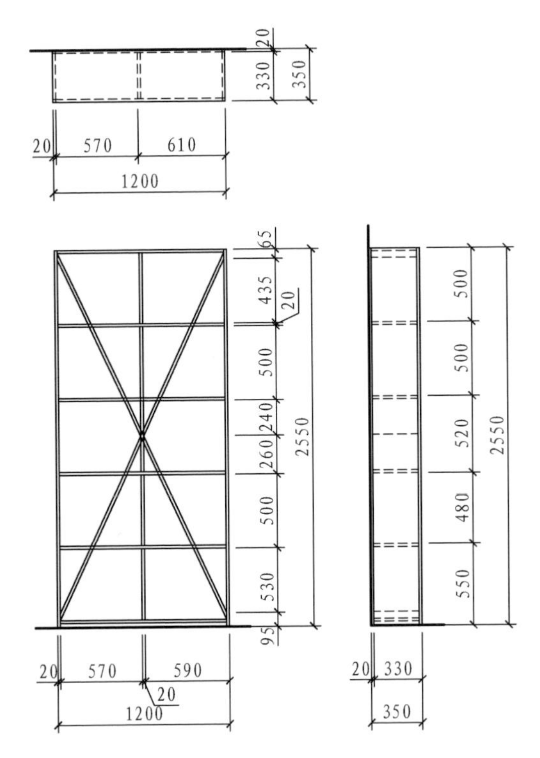

厨房储物架三视图（单位：mm）

厨房储物架效果图

全黑的储物架个性十足，背后的交叉状设计能够给展架带来良好的稳固性。展示架具有独特的个性装饰，每一处都体现了工业风格的个性和艺术特征。

6. 卧室展示架设计

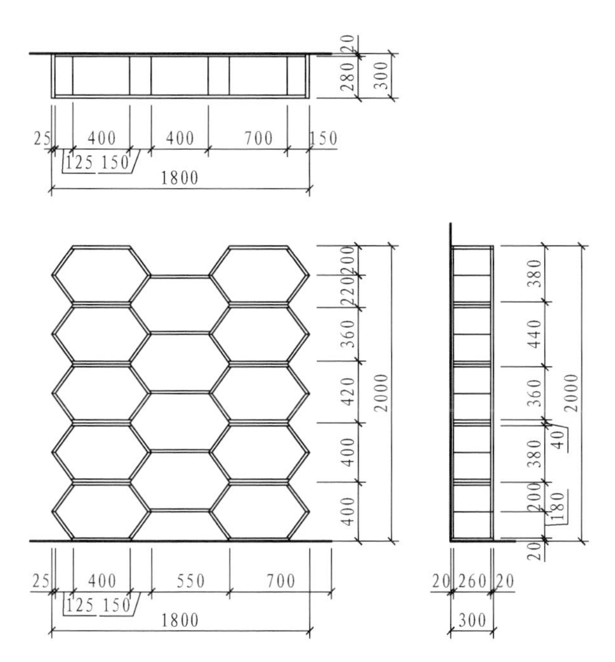

卧室展示架三视图（单位：mm）

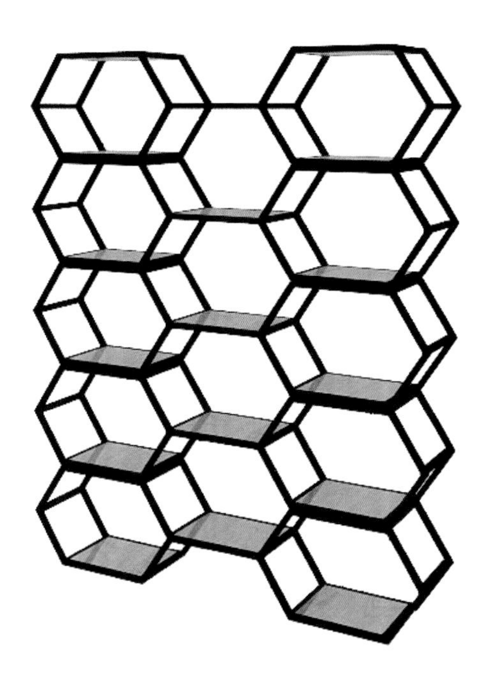

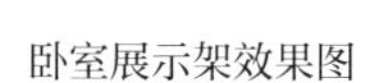

卧室展示架效果图

六边形的展示架造型别致，两侧略高、中间略低。用夸张的图案中和空间中的黑白灰色调，这样的设计能够让工业风格的卧室变得温馨。

7. 卧室衣柜设计

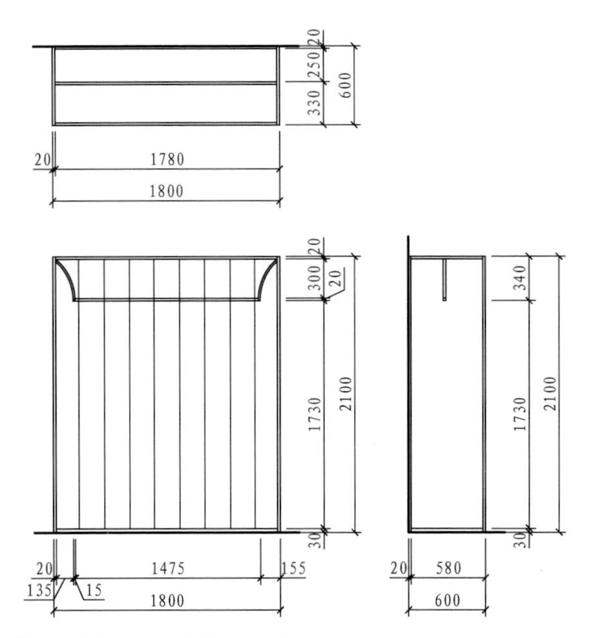

卧室衣柜三视图（单位：mm）

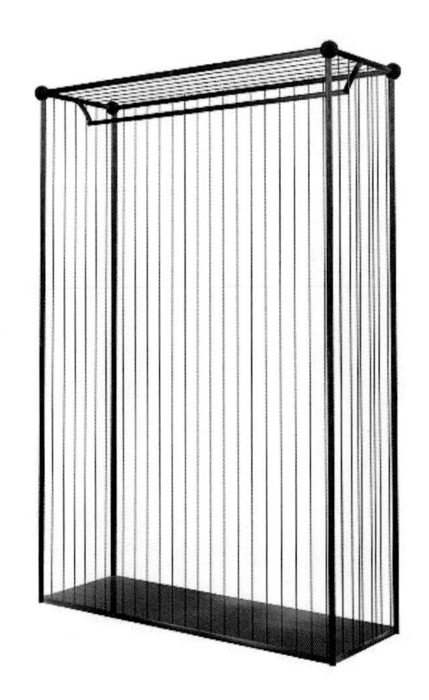

卧室衣柜效果图

衣柜整体的线条简洁利落，给人硬朗干净的感觉，轻奢低调的气质充满着整个空间。略带一点粗犷的设计结合灵活多变的布局，简单、不浮夸，却很饱满、有质感，配上一些个性化的家具软装，呈现独特风格的同时又不失现代美感。

3.12 混搭风格

3.12.1 混搭风格概念

将多种风格融合进一个空间中，巧妙组合，搭配出与众不同的视觉效果，就是常见的混搭风格。混搭并不是简单地把各种风格的元素堆放在一起做加法，而是把它们主次分明地组合在一起。混搭得是否成功，关键要看搭配得是否和谐。最简单的方法是先确定家具的主风格，然后用不同风格的配饰、家纺等来搭配出整体的混搭风。中西元素的混搭是主流，其次还有现代与传统的混搭。在同一个空间里，不管是“中西合璧”，还是“传统与现代融合”，都要以一种风格为主，靠局部的设计来增添空间的层次感。

在两种不同装修风格搭配的时候，其混搭的黄金比例是 3 ： 7，切忌不同装修元素搭配得多、杂、乱。一个空间内不管是哪几种装修风格进行混搭，都只能以一种装修风格为主，通过局部或细节处理，加以其他装修风格的装修元素，以此凸显空间与装饰的层次感。

混搭风格定制设计

混搭风格的自主性很强，所以常常能够给人意想不到的装饰效果，在形态、质感、色彩上都表现出无拘无束的特性，在设计中具有很大的发挥空间。最重要的是打破固有思维，设计出特色。一成不变的设计不是混搭风格的特性。

3.12.2 混搭风格案例赏析

1. 平面与顶面布置图

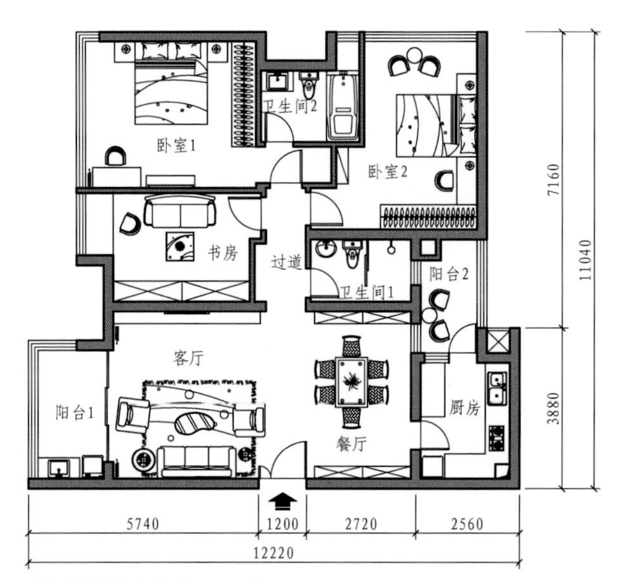

平面布置图（单位：mm）

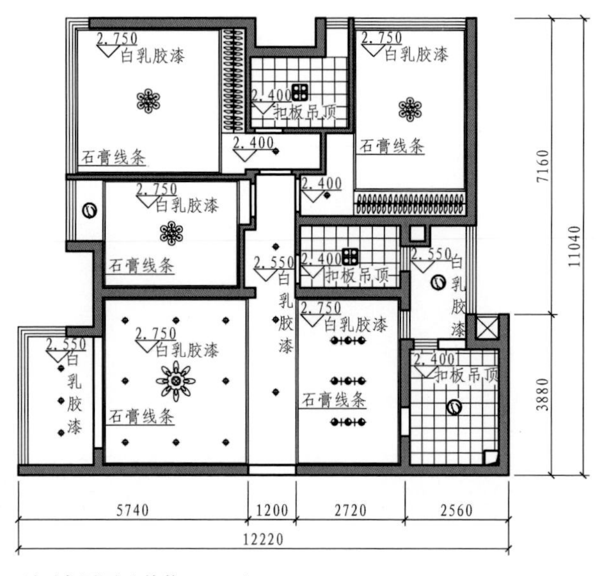

顶面布置图（单位：mm）

2. 软装与家具风格设计要素

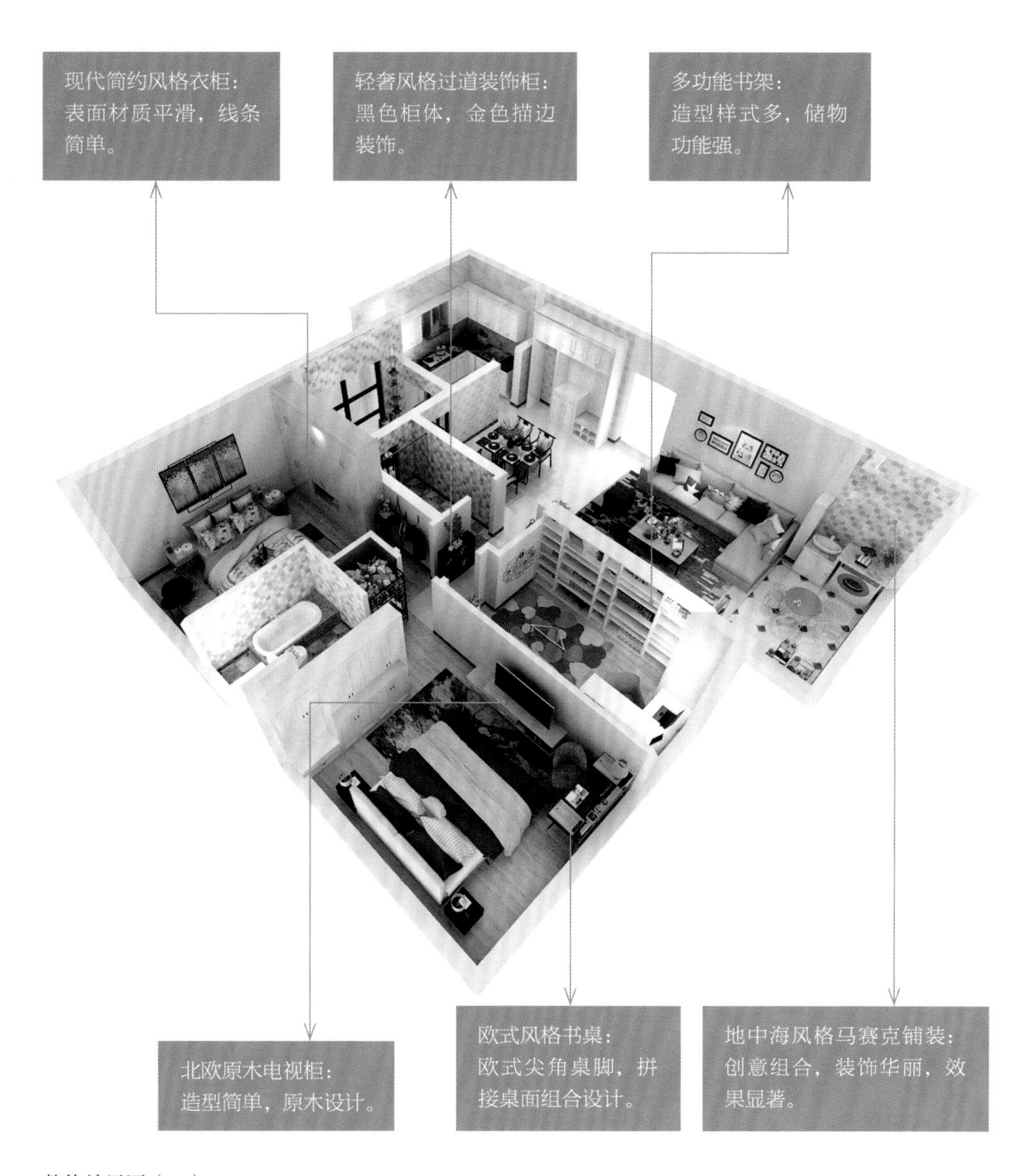

整体效果图（一）

中式风格餐桌：
对称式摆放，弧形座椅靠背十分舒适。
优雅地毯铺装：
紫色彰显气质，长绒地毯脚感舒适。
撞色窗帘布置：
互补色设计，营造神秘感。
休闲阳台桌椅：
棉麻材质软包，质感舒适。
绸缎床品：
面料细腻，质地优良，体验感好。
玫红色地毯：
色彩艳丽，视觉冲击强烈。

整体效果图（二）

3. 次卧衣柜设计

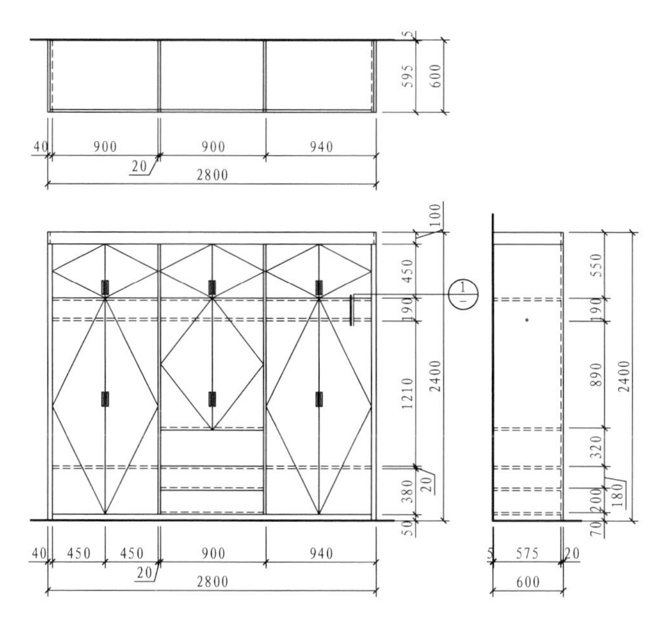

次卧衣柜三视图（单位：mm）

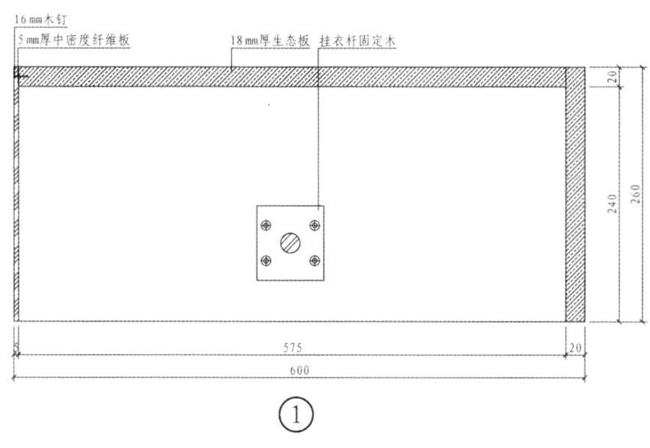

次卧衣柜构造详图（单位：mm）

次卧衣柜效果图

开门衣柜造型十分简洁，属于经典的定制衣柜设计，加上经典的 T 形拉手，手感较好。在卧室空间面积较大的情况下，这种衣柜设计效果很好，但面积小的卧室要尽量避免这种设计。其缺点是对衣柜门有高度限制，整体柜门太高，会造成柜门变形的问题，设计师巧妙地将中间的柜门进行分格与抽屉布局，能够有效缓解柜门的压力。

4. 主卧衣柜设计

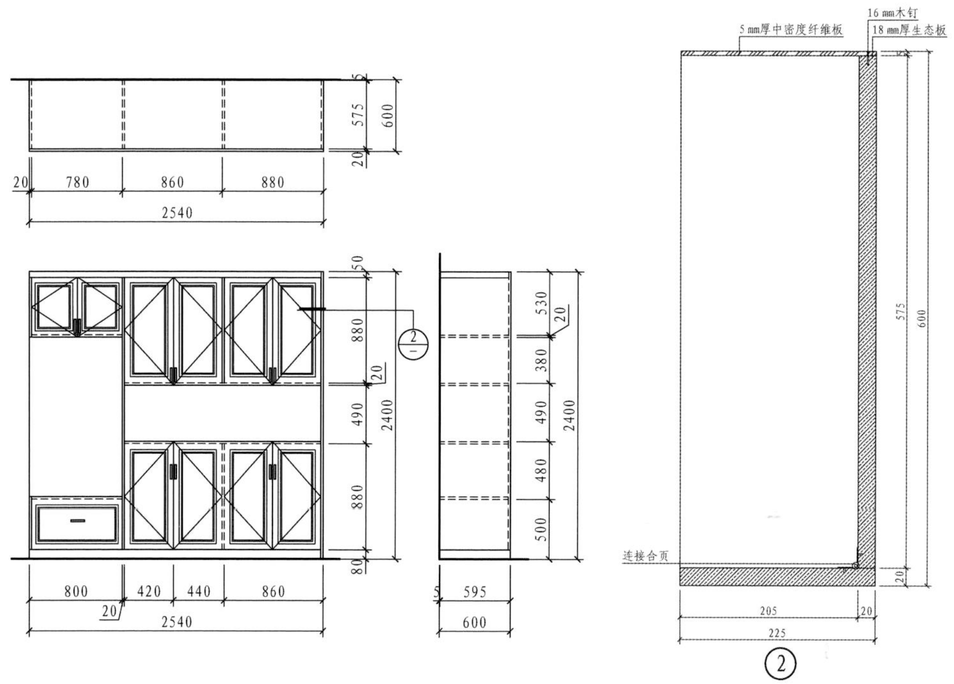

主卧衣柜三视图（单位：mm）

主卧衣柜构造详图（单位：mm）

主卧衣柜效果图

主卧衣柜采用了上下分离式设计，衣服可以分类放置。中部采用镂空窗布局，可以放上几盆绿植、花卉，别有一番风味。挂衣区采用开放式设计，可以悬挂应季的衣物。

5. 书房书架设计

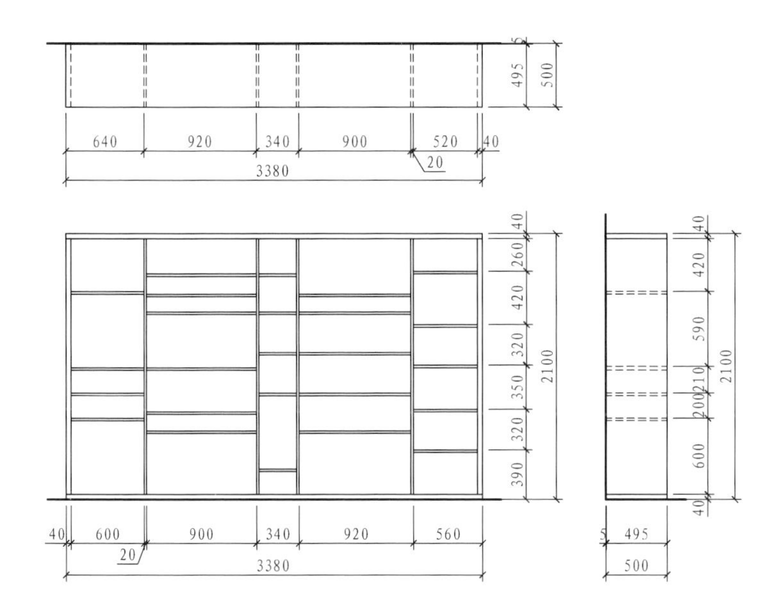

书房书架三视图 (单位：mm)

书房书架效果图

封闭式与开放式组合的书架，将两者的性能优势互补，营造出良好的书房氛围。封闭式书架格子可以收纳一些贵重文件与隐私物品；开放式书架格子作为装饰与收纳区，可存放书籍、摆设工艺品与绿植花卉。两种形式的书架格子各有特色与优势。

6. 一体化书桌设计

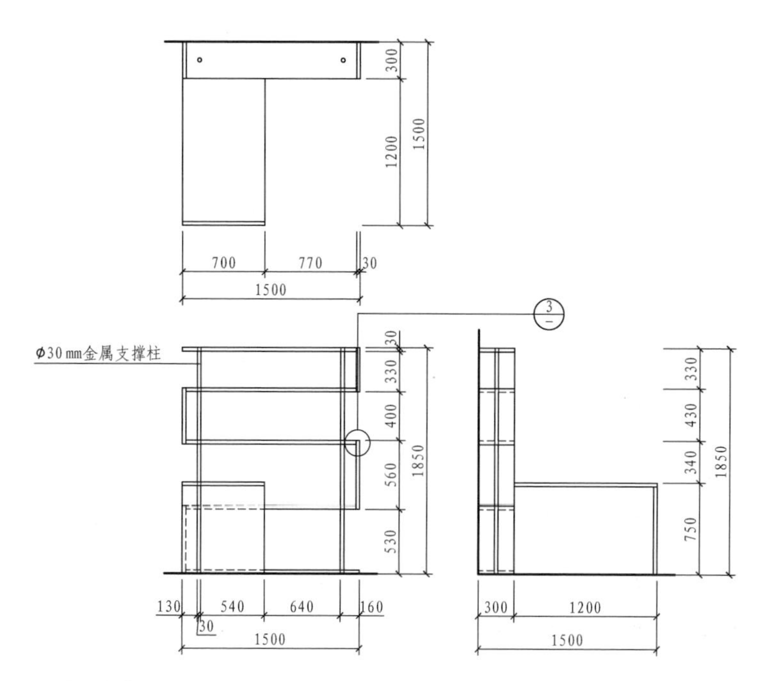

一体化书桌三视图（单位：mm）

一体化书桌效果图

书桌与书架的组合设计，能够扩大书房的使用面积。在书桌旁设计组合柜，能够放置临时文件、办公用品等，拿取十分方便。使用台式电脑时，组合柜最下一层还可以作为放置主机的位置。

参考文献

[1] 格思里 . 室内设计师便携手册 [M]. 北京：中国建筑工业出版社，2008

[2] 艾玛 · 布洛姆菲尔德 . 家居软装设计五要素：教你完美装饰自己的家 [M]. 沈阳：辽宁科学技术出版社，2019

[3] 霍维国 . 中国室内设计史 [M]. 北京：中国建筑工业出版社，2007

[4] 凤凰空间 · 华南事业部 . 软装设计风格速查 [M]. 南京：江苏人民出版社，2012

[5] 建 E 室内设计网 . 软装设计素材与模型图库 [M]. 北京：化学工业出版社，2019

[6] 漂亮家居编辑部 . 图解软装陈列设计 [M]. 武汉：华中科技大学出版社，2018

[7] 陈民兴 . 全屋定制家风格精装房 [M]. 郑州：郑州大学出版社，2019

[8] 曹祥哲 . 室内陈设设计 [M]. 北京：人民邮电出版社，2015

[9] 青木大讲堂 . 全屋定制设计教程 [M]. 南京：江苏凤凰科学技术出版社，2018

[10] 游明阳 . 布局改造王空间动线设计 [M]. 成都：四川美术出版社，2018

[11] 林直树 . 悦 · 生活 : 旧房改造实战指南 [M]. 武汉：华中科技大学出版社，2016